独立式小住宅设计

DESIGN OF SINGLE-FAMILY HOUSE

黄 琪 宋雯珺 吴 峰 编 著

中国建筑工业出版社

图书在版编目（CIP）数据

独立式小住宅设计 = DESIGN OF SINGLE-FAMILY
HOUSE / 黄琪，宋雯珺，吴峰编著 . —北京：中国建筑
工业出版社，2022.1（2024.7重印）
ISBN 978-7-112-26877-1

Ⅰ . ①独… Ⅱ . ①黄… ②宋… ③吴… Ⅲ . ①独户住
宅—建筑设计 Ⅳ . ① TU241.1

中国版本图书馆 CIP 数据核字（2021）第 247197 号

责任编辑：率　琦
责任校对：王　烨

独立式小住宅设计
DESIGN OF SINGLE-FAMILY HOUSE

黄　琪　宋雯珺　吴　峰　编　著

*

中国建筑工业出版社出版、发行（北京海淀三里河路9号）
各地新华书店、建筑书店经销
北京点击世代文化传媒有限公司制版
建工社（河北）印刷有限公司印刷

*

开本：787 毫米 ×1092 毫米　1/16　印张：15　字数：328 千字
2022 年 2 月第一版　2024 年 7 月第二次印刷
定价：**78.00** 元
ISBN 978-7-112-26877-1
（38690）

前　言

　　独立式小住宅是建筑设计的一个重要类型，如何让学生通过该类型设计了解建筑设计基本流程——从构思、深化到最后表达的完整过程，初步掌握建筑设计的方法，是这门建筑设计原理课非常重要的教学目标，同时引导学生树立起正确的艺术创作观，自觉弘扬中华优秀的建筑传统文化，培养精益求精的大国工匠精神，坚定以专业知识服务国家需求的信念和使命担当。

　　本书在近几年高职建筑设计专业课程教学改革实践的基础上，打破建筑设计"一、二、三草图"阶段性教学缺少对学生设计思维和过程化控制的明确目标，以独立式小住宅为载体，从设计的五大要素（场地、功能、形式、建构、改造）以及设计过程开展的逻辑性（前期分析、方案设计与表达、BIM建模与扩初设计、改造设计）入手进行单元模块化教学。各个单元模块任务设置与设计过程相吻合，引导学生掌握这种基于场地、功能、技术条件下的理性思维方法，不仅为课程设计的过程控制提供了可操作性，也为对应不同岗位的能力培养与技能训练创造了条件。

设计过程		任务单元		
阶段	设计任务	任务阶段	任务内容	阶段任务
设计的前期研究	对任务书进行分析，对业主进行定位，对基地进行分析，明确目标	第一单元	独立式小住宅类型与演变历史	前期作业汇报（1） 文献调研报告PPT（2）
		第二单元	独立式小住宅设计分析	基地分析＋业主定位（3） 总平面布局设计（4）
资料准备	对资料、案例的收集，对相关规范的学习	第三单元	独立式小住宅单体设计	平面图设计（5） SU体块设计（6） 主要立面设计（7） 景观设计（8）
设计意向构思与方案深化	综合思考与多方案的比较过程			
设计成果表达	二维表现（平立剖、总平面图的准确表达），三维表现（模型、轴测图、效果图），综合排版表达	第四单元	独立式小住宅设计表达与深化	方案表达（9） 扩初设计（10） BIM技术表达（11）
改造设计与表达	选取部分学生独立式小住宅作业作为目标对象，进行改造设计	第五单元	独立式小住宅设计发展趋势	独立式小住宅改造设计（12） 装配式小住宅设计（13）
		第六单元	学生作业选集	作业点评

本书从独立式小住宅的类型与演变历史、设计分析、单体设计、设计表达与深化、设计发展趋势五个方面，深入浅出地对建筑设计教学进行构思安排，涵盖建筑设计（前期研究、资料准备、设计意向与构思、方案深化与成果表达、改造设计与表达）整个完整过程。本书共设有六个单元内容。五个单元分别对应着若干阶段性任务，第六单元是任务单元的学生作业选集。全书内容设置注重知识与技能相结合，注重训练学生在成果表达、"1+X" BIM、模拟技术、改造设计等方面的应用与技巧，对于建筑设计的初步教学具有很强的指导性与操作性。

目　录

前期任务

1. 任务内容

根据个人自宅进行平面测绘，并在此基础上制作 SU 内部空间的剖切模型（不需要展示屋顶，多层空间需用 SU 模型拆解图分层展示；无论是集合住宅还是独立式住宅，简化建筑外观细节，重点展现内部空间的功能布局、流线与家具布置）。

2. 任务要求

（1）2 号图纸，各层平面图 1∶100—200，需要进行家具配置（家具布置可以按照实测绘，也可以重新设计）；

（2）建筑模型比例自定，排版、字体样式、大小自定；

（3）标注作业名称、班级、姓名、学号；

（4）设计说明：

①家庭结构

②建筑面积

③建设年代

④建设地点

⑤建筑空间特点（优势与不足）

3. 任务目标

（1）知识模块

①通过对自宅的平面测绘，理解居住建筑空间的功能布局与流线组织特点；

②通过家具布置熟悉住宅空间单元的尺寸，初步掌握建筑空间与人体尺度关系。

（2）技能模块

①熟练掌握测绘方法；

②基本掌握建筑测绘尺寸模数化整理方法；

③掌握 CAD 制图和 SU 建模的基本技巧。

（3）思政模块

通过最熟悉的生活空间案例——自宅测绘与空间表达，开启专业学习之旅，做好新专业课程学习挑战的思想准备。

第一单元　独立式小住宅类型与演变历史

1.1　独立式住宅的定义与特点

1.1.1　居住建筑

建筑物按照使用性质可分为生产性建筑与非生产性建筑。工业建筑和农业建筑属于生产性建筑，民用建筑则属于非生产性建筑。民用建筑按使用功能又可分为居住建筑（residential buildings）和公共建筑（public buildings）两大类。公共建筑是供人们进行公共活动的建筑，有办公、商业、旅游、教文卫、通信、交通运输等类型。居住建筑是供人们居住使用的建筑，有住宅、公寓与宿舍等类型。居住建筑还可以按照层数[1]、构造方式[2]、施工工艺等进行再分类。

1.1.2　独立式住宅

住宅根据形式可分为独立式住宅和集合住宅两大类型。独立式住宅是指独门独户的单栋住宅，其外墙不和其他住宅共用，四周不和其他住宅相连，是有明确归属私家性质的周围用地及庭院的居住类型建筑。独立式住宅分为经济型的"小独栋"和相对豪华的别墅[3]两种类型，可以作为家庭的日常居所，也可以作为周末度假场所。独立式住宅最大的优点是"顶天立地"，居住质量相对较高。一般每个房间都能拥有良好的采光，户内能够实现自然通风。或大或小的配套花园基本上可以隔绝外界干扰，环境较好。与普通城镇里公寓式住宅相比，独立式住宅下面几个特点明显：

1. 个性化造型

普通住宅往往结构比较简单，功能单一，在设计上几乎是千篇一律，没有变化。独立式住宅不仅功能齐全，生活设施齐备，而且造型风格各异，更具个性化特点。

2. 空间资源优势

独立式住宅区别于普通住宅的最大优势是对空间的占有。室外空间作为独立式住宅

---

1. 住宅建筑按照层数共分五级：低层（1—3层）、多层一类（4—6层）、多层二类（7—9层）、高层一类（10—18层）、高层二类（19—26层）。与之相应，《建筑设计防火规范》GB 50016—2014规定建筑高度大于27m的住宅建筑称为高层民用建筑（包括设置商业服务网点的住宅建筑）。
2. 居住建筑按构造方式可分为木结构、砖石结构、混合结构、钢结构、钢筋混凝土结构等种类。
3. 在我国习惯把一户一栋的住宅称为别墅，其实欧美发达国家的独立式住宅概念通常是与别墅有差别的。独立式住宅的英文是House，别墅则称为Villa或Cottage。能称为Villa或Cottage的这种类型，都是请顶级建筑师专门设计，在风景区或在郊外建造的供休养的住所。两者的主要区分在于是工业化产品，还是量身定做的产品。

不可分割的部分，与室内生活空间密不可分。独立式住宅的空间资源优势让居住生活的私密性更强。

3. 生活方式

不同人群不同的生活方式和观念对居住空间、户型都有影响。在普通公寓和独立式住宅更是体现得非常明显。普通公寓住宅是求大同、存小异。独立式住宅由于室内外空间的充足和灵活，则是求大异、存小同。人们选择独立式住宅，其实就是选择了一种新的生活方式。

1.1.3　独立式小住宅

独立式小住宅，是独立式住宅中相对经济的"小独栋"类型，通常面积不大，一般由起居室、餐厅、厨房、书房、卧室、卫生间等部分组成，能包容日常生活的基本内容，具有一定的舒适性，能反映居住者的个人风格和追求。

与豪华的别墅相比，独立式小住宅更为经济，一般是作为第一居所的理想场所。它以"时尚、舒适、实用"为前提，抛弃无用的奢华与排场，不刻意追求空间大小和总面积，总价与单价普遍较别墅低。相比较别墅类型而言，独立式小住宅在建筑结构、室内布置、景观设计等方面都建立在舒适、实用的基础之上，更多追求的是一种居住文化的体验与生活方式，所以在设计上更加精打细算，在有限的条件中力图打造出丰富巧妙、灵活有趣的空间格局和独特的形态。

根据所处的地理位置不同，独立式小住宅可分为近郊类型和都市类型两种。与广漠的乡村或者舒朗的郊区类型不同，都市类型的独立式小住宅建在城市地段，用地紧张，周围环境也比较复杂。住宅设计既肩负着满足居住者个人风格和生活方式的重任，也要综合考虑周边既有建筑的形式与风格特征，以便更好地融入城市整体环境（图 1.1.1、图 1.1.2）。

1.2　独立式住宅的发展历史

1.2.1　中国发展历程

1. 历史文献记载

园囿、苑囿、离宫、别馆……这些名词几乎都与中国传统住宅相关联。我国古代历史文献很早就有关于帝王修建离宫、别馆的记载。《史记·殷本纪》[1]中提到的"囿"、"苑"、"台"可以说是中国独立式住宅的雏形。周文王的灵囿、楚灵王的章华台、吴王夫差的姑苏台、秦始皇的阿房宫等，都是早期的离宫。《宋书·谢灵运传》中记载有"修营

---

1. 《史记·殷本纪》，作者为西汉史学家司马迁，出自《史记》卷三，《殷本纪》系统地记载了殷商朝的历史，描画了一幅商部族兴起，商王朝由建立直至灭亡的宏伟图卷。

图1.1.1 独立式住宅——流水别墅

（a）都市类型

（b）近郊类型

图1.1.2 独立式小住宅

别业[1]，傍水依山，尽幽居之美"。《新唐书·王维列传》中记载"别墅在辋川，地奇胜，有华子岗、欹湖、竹里馆、柳浪中、辛夷坞，与裴迪其中，赋诗相酬为乐"。

汉代的住宅建筑已经发展得相当成熟，有了等级名称。列侯公卿"出不由里，门当大道"者，称为"第"；"食邑不满万户，出入里门"者，称为"舍"。从中小型的宅舍到大型宅第，再到大型城堡式的坞堡，形式丰富、华丽而宏大。汉武帝的建章宫、上林苑、甘泉苑等，都是十分有名的离宫、别馆。东晋的谢安曾在山中营建别墅、楼馆，除此之外，平泉庄、司空图庄等在历史上也非常有名。这一时期的住宅多采用庑殿式屋顶和鸱尾，内侧建有走廊包围庭院。唐代的住宅布局虽然还在延续廊院式，但是已明显趋于合院式发展。承继魏晋崇尚山水的习气，唐代公卿和文人名士的住宅呈现出三种融合自然的方式：其一，山居形式将宅屋融入自然山水；其二，将山石、园池融入宅第，组构人工山水宅园；其三，在庭院内点缀竹木山池，构成富有自然情趣的小庭院。明代盛行于苏州的一部分私家园林，实际上也起着住宅的作用。清代的承德避暑山庄，北京的颐和园，圆明园以及许多园囿，离宫、别馆等都是著名的别墅建筑（图1.2.1）。

2. 中国传统独立式住宅特点

中国传统民居大部分都属于独立式住宅范畴。汉族地区传统民居主要是规整式住宅，以中轴对称方式布局的北京四合院为典型代表，华北、东北地区的民居大多是这种宽敞的庭院。作为传统庭院式住宅类型的典范，北京四合院最早的形制源于西周时期的赏析岐山凤凰村四合院遗址。现在保留下来的四合院都是明清时期的，但依然保持着那时的基本精神：居住功能沿着庭院分散布置在以木构架传统构筑方式为主的单体建筑中，功能相对单一。以封闭的内庭院为核心组织各个功能空间，中轴对称、外向封闭、内向开放，不仅体现以家长为中心的封建家长秩序，更是体现高度的私密性和亲和性。作为"家庭产业"的一个单元，传统院落既是居住空间又是生产活动空间。以最小的花费塑造高质量的聚居场所，这种功能多重并置与灵活利用的方式，既有效利用了地表面积，又符合农耕生产方式的文化习俗。

中国传统民居非常注重人与自然的和谐共处，设计手法"虽有人作，宛自天开"。相比于官式建筑，传统民居因规模小而分散，受自然环境的影响比较强烈，但传统民居在平面布局、空间设计、建筑技术和构造上充分利用自然资源，节约能源，就地取材，尽量减少经费的做法，反而最能反映地域特色。以四川传统民居为例，结合当地气候温和、降雨量大的特点，往往有以下做法：

（1）四合头——四川传统民居中喜欢采用"四合头"，一种院落四面屋檐相连，屋檐出挑或单挑或架廊的做法，下雨天人可以在屋檐下走通各室。这种做法又叫"四水归池"。

---

1. 在我国古人眼里，别业是供富贵人家修身养性的地方，意为本宅门外供游玩休养的园林房屋，是"本宅"之外的又一房产，并非常居之所。别业与宅园、庄园都有一定关联，但又不尽相同：别业位于郊区，是以家宅为主体的园林；宅园位于城市，是在家宅用地中划出一部分用地专门布置成园林，同家宅隔开专供游憩之用。当别业建于业主所属领地或田产范围内，就与庄园相同。当别业是一所包括有住宅的独立园林，业主也不一定是地主或领主时，这种别业就不是庄园。

（a）颐和园、圆明园

（b）苏州园林

图1.2.1　中国传统别墅

（2）组织通风——天井四角处设有大水缸，承接雨水的同时起到降温、防止空气干燥的作用。天井四周的回廊形成凉爽区，与厅堂、通廊两边庭院一起组织通风。风从天井吹向厅堂，进入通道，又从两侧的天井回归自然。天井既是引风口，又是出风口。在夏季阳光暴晒下，天井的热空气不断上升，两侧巷道的冷空气则不断地补充，形成对流，利于降温。面向天井的堂屋、窗户、屋门则尽可能对齐，以形成"穿堂风"。

（3）建筑构造——南方这种气温对于住宅建筑而言是保温不如隔热重要。四川盛产竹子，传统民居就地取材常用板壁、编竹夹泥墙等外围护结构处理。还有一种常设活动隔扇的花厅，不仅解决功能上的灵活性，也有利于空气流通。

中国传统民居在长期演变过程中形成的这些最简便经济的自然空调技术，既改善了微气候，又不耗能，也不产生污染，蕴含丰富朴素的"绿色"思想和中国智慧，在今天仍然有许多值得我们自豪与借鉴的做法（图1.2.2）。

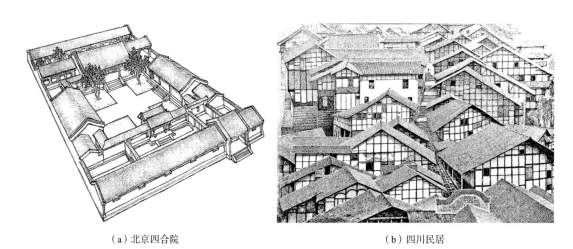

（a）北京四合院　　　　　　　　　　　　　　　（b）四川民居

图1.2.2　中国传统民居

1.2.2　西方发展历程

1. 历史文献记载

独立式住宅在西方最早可以追溯到古罗马时期，最著名的哈德良离宫是别墅的典范，也是罗马的繁荣和优雅在建筑上的体现，还有意大利建筑师帕拉第奥的"圆厅别墅"、法国文艺复兴时期古典主义费朗西斯一世的"枫丹白露"、路易十四的"凡尔赛宫"等（图1.2.3）。欧洲独立式住宅历史比较长，从古代君王的行宫、庄园主的农场到皇室的跑马场，从古希腊民主制度到中世纪的神权专制，这些当时的信仰和制度也都影响着欧洲住宅的演变历史。

2. 西方传统独立式住宅特点

西方传统独立式住宅的空间布局多采用花园包围建筑的方法：建筑独立布置，各种居住功能集合在一起，整体格局展现出外向与体量化的空间形态。圆厅别墅（1571年）就是一个典型的位于理想景观的中心对称型的理想别墅：以圆厅为中心门廊四边延伸，尽管内部圆厅空间完全被外部建筑切断而失去宽阔的视野，但其简洁精确的几何体透露出来的品质具有强烈的集中感。圆厅别墅典型的集中型平面、象征性中心、三段式构成，以其完整、明确的秩序影响了后续很多建筑大师的住宅作品，如勒·柯布西耶[1]的史沃柏别墅（Villa Schwob）、路德维希·密斯·凡·德·罗[2]的吐根哈特别墅、菲利普·约翰逊的玻璃屋等（图1.2.4）。

与中心对称型、带有几何秩序的平面不同，不规则独立式住宅的自由组合平面没有太多的规律性，内部也没有太强的构成原理。当内部空间不再受制于强化外观体量表现时，功能布置反而更容易趋于合理，通风、采光、交通等问题都有更灵活的操作余地。英国中世纪传统庄园采用过厅加大厅的组织方式，继而慢慢演化为一种L形非对称的空间基本型。这种单向空间序列、非对称的空间结构同样影响深远，有着大量丰富多彩的优秀实例，如韦伯的红屋（1859年）、沃艾德的布劳德里司（1898年）、麦金托什的多风山庄（1910年）和山庄住宅（1902年）等（图1.2.5）。

（a）哈德良离宫 　　　　　　　　　　　　（b）圆厅别墅

图1.2.3　西方传统别墅

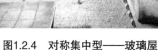
图1.2.4　对称集中型——玻璃屋

图1.2.5　不规则型——山庄住宅

1.3　独立式住宅与建筑设计

　　每个建筑时代都会有一种建筑类型起主导作用，进而影响当时的建筑设计。古希腊主导的建筑类型是神庙，中世纪欧洲是教堂，文艺复兴时期则是府邸。1975 年之后，建筑类型突然丰富起来，导致主导建筑类型并不明显，但是住宅类型仍然对此后一般建筑理论影响较大。在近代工业化社会中，产业设施、商业设施等新类型的诞生，在某种意义上来说也是这些要素从住宅中分离的历史；是工作与居住相分离、新的近代生活方式形成的过程，也是住宅传统类型进入新纪元的开始。随着人类社会的发展，住宅形式不断发生变化，在不同的社会阶段和时代背景下，各种与之相适应的住宅形式随之产生。衣食住行毕竟是人类生活的最基本需求，作为所有建筑中与人的关系最密切、最长久的类型，住宅对于 20 世纪近代建筑的发展有着重要意义。表 1.3.1 摘录一些典型住宅的信息和历史背景，从中可以看出住宅的形式、材料、构成要素和空间精神伴随着人类发展的步步演进。

独立式住宅的演变　　　　　　　　　　　　　　表 1.3.1

名称	建造日期	时代背景	设计者	设计特点	图片
圆厅别墅（意大利维琴察）	1552 年	文艺复兴时期	安德烈亚·帕拉迪奥	一个大空间为主体，四周围绕着其他空间的组合形式	

续表

名称	建造日期	时代背景	设计者	设计特点	图片
维康府邸（巴黎默伦）	1656 年	巴洛克时期	路易·勒沃/查尔斯·勒布伦（建筑部分）安德烈·勒诺特（园林部分）	出现类似走廊的空间组织变化	
索恩之家（伦敦）	1792 年	18—19 世纪	约翰·索恩	建筑以其清晰的线条、简洁的风格、明快的细节、近乎完美的对称以及对光线的把握而著称	
红屋（伦敦郊区肯特郡）	1860 年	工艺美术运动	威廉·莫里斯/菲利普·韦伯	英国住宅 L 形布局典范，走廊自由串联空间，带来空间组织方式的革新	
都灵路 12 号住宅（布鲁塞尔）	1893 年	新艺术运动	维克多·奥塔	新艺术运动比较有代表性的建筑之一，内部是以比利时线条为主的装饰主题	
斯坦纳住宅（维也纳）	1910 年	欧洲探求新建筑的运动	阿道夫·路斯	从空间体量设计思想出发，促进现代建筑话语从"体量"与"装饰"向"空间"的转换：简洁的建筑外观，偏心的楼梯打破平面对称格局，两侧的立面、窗户的大小与位置满足内部功能与形式需求	
施罗德住宅（荷兰乌特勒支省乌特勒支市）	1924 年	新建筑运动	格里特·托马斯·里特维尔德	荷兰风格派艺术在建筑领域最典型的表现，是几何形体和纯粹色块的组合构图。室内采用模块化元素，可拆卸的墙体提供一种多变的生活方式	
格罗皮乌斯自宅（美国马萨诸塞州林肯郡）	1927 年	新建筑运动	沃尔特·格罗皮乌斯	被视为"国际风格"进入美国的第一件住宅作品，水平带窗和大片玻璃的使用更为这栋住宅带来了现代主义的典型气质	

名称	建造日期	时代背景	设计者	设计特点	图片
萨伏伊别墅（法国巴黎近郊的普瓦西）	1930 年	现代主义建筑	勒·柯布西耶	勒·柯布西耶最能体现新建筑五要素（底层的独立支柱、屋顶花园、自由平面、自由立面、横向长窗）的作品之一	
巴拉甘自宅和工作室（墨西哥）	1948 年	现代主义建筑	路易斯·巴拉甘	巧妙运用色彩、水和光线等设计元素，创造性地将墨西哥的传统、殖民地文化与现代建筑融为一体	
母亲住宅（美国费城栗子山）	1959 年	后现代主义建筑	罗伯特·文丘里	《建筑的复杂性与矛盾性》著作的生动写照：山墙中央裂开"破山花"的构图处理一度成为"后现代建筑"的符号	

1.3.1 大师住宅作品探索

追溯住宅类型发展历史，我们不难看到建筑思潮的演进。从早期现代主义到后现代主义、解构主义、新理性主义以及晚期现代派等设计流派作品，许多建筑大师都是以其住宅作品开始渐渐为世人所认识。独立式住宅规模不大，功能也不复杂，但是空间变化非常丰富，成为最能反映建筑思潮的建筑类型。

1. 赖特的草原式住宅

赖特[1]的建筑思想核心是"道法自然"，主张建筑与大自然和谐。赖特在空间的自由运用、现代与自然材料的混搭、装饰性细节的处理等方面都有非常独到的地方。这些设计理念在他于 1900 年前后设计的一系列草原式住宅上有所体现。

草原式住宅以砖木结构为主，平面常呈现出十字形：以壁炉为中心，起居室、书房、餐室围绕布置，卧室放在楼上。隔而不断的室内空间根据不同需要设有不同净高。尽管建筑物正面较为突出，但入口路线相对迂回，常从正面的侧向进入。坡度平缓的四坡屋顶，其深远的挑檐和高低的水平墙垣、层叠的水平方向阳台、花台结合起来，与垂直方向的烟囱对立统一，突破传统建筑的封闭性，不仅适合美国中西部草原地带的气候和地广人稀的特点，同时具有一种浪漫主义田园诗意般的典雅风格（图 1.3.1）。

在早期独立式住宅中，赖特也有过对传统中心性构成的探索，如韦莱住宅（1890 年）、

---

1. 弗兰克·劳埃德·赖特：美国建筑师，四大现代建筑大师之一，简称赖特。

布劳蓬姆（1892年）、自家住宅及工作室（1895年），后来慢慢开始利用复杂形体之间的组合来避免单纯的箱体，有意识地探索壁炉位于中心的十字形构成空间秩序，比如赫特利住宅（1902年）突破封闭体积的概念，建筑空间的水平跨度也很长。

（a）自家住宅及工作室

（b）赫特利住宅

图1.3.1　草原住宅

2. 勒·柯布西耶的联合住宅

和赖特一样，勒·柯布西耶在早期住宅作品中也有过对中心性构成的探索。法莱住宅（1905年）、施德策住宅（1908年）、佳克梅住宅（1908年）等都是非常传统的坡屋顶与左右对称的平面。但之后的姜奴莱住宅（1912年）、萧布别墅（1916年）的空间与形态慢慢发生了变化。[1] 与西方传统箱体采用厚重外墙包围空间的做法不同，勒·柯布西耶的建筑箱体做法采用多米诺体系规则的柱网，外墙被当作限定空间轮廓的轻薄表皮，水平带形窗削弱外墙的限定性，取而代之的是较强界定力的水平楼板，使空间具有较强的水平方向性。勒·柯布西耶探索这种体系之后，对内部空间有了创造性处理。

在1927年斯图加特魏森霍夫的住宅展览上[2]，勒·柯布西耶和其表兄皮埃尔·让纳雷

---

1. 比如姜奴莱住宅在建筑后侧面设入口，餐厅与休息厅做凸起造型处理，削弱主体正面的对称性。
2. 魏森霍夫住宅展是1927年由德意志制造联盟在斯图加特发起的，旨在宣传那个时代新住宅概念的展览。

联合设计的联合住宅,是最具有争议性的一个作品。[1]其对预应力混凝土结构的使用,第一次把新建筑五要素清晰集中地展现出来:底层架空、屋顶花园、自由平面、水平长窗以及自由立面。住宅供两个家庭使用,两边单元结构几乎对称,每个单元都有一个中央楼梯间。入口设在底层架空柱的台基上。屋顶层有屋顶花园和日光浴阳台。入口层是一个连接衣帽间、暖气房、地下储煤库、洗衣房、佣人房和储藏间的前厅。往上是开放的大型起居空间:通过水平长窗在白天能获得充分的自然采光,夜晚通过移动隔墙又可以分隔成小卧室,床也可以通过推拉收进柜子里。一字排开的房间以一条狭窄的走道相连,内部空间灵活而相互渗透。还有隐藏在楼梯后面的书房和学习室,使用者可以工作到夜晚而不受打扰(图1.3.2)。

魏森霍夫住宅展是现代建筑的首次亮相,是先锋派对现代住宅和新的生活方式的研究。因为一战的破坏和经济的困难,德国面临严峻的住宅短缺,如何利用新技术、新材料快速建造低价住宅成为许多城市急需面临解决的社会问题,许多建筑师也自觉地把对现代建筑的理想追求和当时住宅现实问题的解决结合起来。建筑师开始改变设计为权贵服务的宗旨,把关心转向人民大众。作为现代建筑运动在全社会展开的标志和转折点,魏森霍夫住宅展也是第一次向世人展示国际式新建筑风格的舞台。其主张功能化、廉价化、集约化的思想,以及朴实无华、为大众而设计的特点,至今仍是建筑史中光辉的一笔。

3.密斯的范斯沃斯住宅

"少就是多"是密斯建筑设计思想的高度总结。密斯的建筑创作在从墙体空间向水平楼板空间的转化中,不断追求着匀质空间的美学极致。自由的平面、不受结构约束的灵活隔断、对玻璃美学和建构的探索,这些建筑设计思想在范斯沃斯住宅都有所体现。

范斯沃斯住宅由一个四面透明玻璃盒子的主体建筑和南侧平台构成,从平面、形体到结构,该住宅建筑的几何特性都表现出明显的理性主义精神。为了不妨碍看到四面玻璃幕墙外的风景,其内部空间布局和室内家具都经过精心设计。隐藏在顶棚和底板内的混凝土预制板,与梁柱组成简单却理性规整的结构体系。玻璃表皮在构造上用一圈槽钢加以围绕,使玻璃表皮在底部得以承托,在上部得以收头,彻底获得独立、清晰和完整的建构根基。表皮之外紧贴在南北立面槽钢墙边外侧的建构元素是柱,虽然在平面上只是一些点状要素,仍被赋予了独立存在的意义。入口平台与主体建筑相分离,成为独立的结构板块,并与主体的底板在平面和垂直高度上完全脱开。至此,一个完整的几何秩序建构完成(图1.3.3)。

1.许多评论家认为其中有一些细节是不太合理的:比如起居室走廊糟糕且不舒适,佣人间过于狭窄而无法使用;大面积的水平长窗应该设置在地中海沿岸而不是斯图加特等。

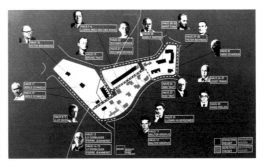

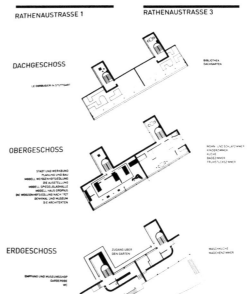

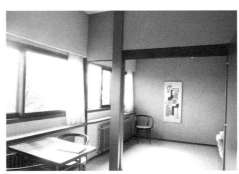

图1.3.2 魏森霍夫住宅展——勒·柯布西耶联合住宅作品

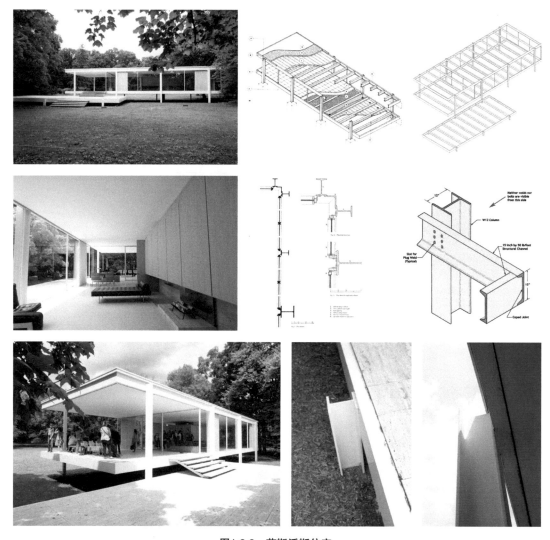

图1.3.3　范斯沃斯住宅

4. 文丘里的母亲住宅

美国建筑师罗伯特·文丘里的母亲住宅位于美国宾夕法尼亚州，是1959年文丘里为他母亲设计的私人住宅。由于是为自己家人设计的房子，文丘里做了大胆的尝试：住宅采用传统遮风挡雨的符号概念——坡顶。平面的结构体系简单对称，但功能布局在中轴线两侧又不对称。主立面总体对称，但细部处理不对称，窗孔的大小和位置根据内部功能需要而定。山墙正中央留有阴影缺口，似乎将建筑分为两半，入口门洞上方的装饰弧线又似乎将两半连为一体。入口门洞开口很大，后退进深却很小。处处看似互相矛盾的处理手法，反映出古典对称布局与现代生活的矛盾。

文丘里自称"设计了一个大尺度的小住宅"：立面上大尺度的对称，在视觉效果上淡化不对称的细部处理。平面上大尺度更可以减少隔墙，使空间灵活、经济。他写道："这是一座承认建筑复杂性与矛盾性的建筑，它既复杂又简单，既开敞又封闭，既大又小，某些构件在这一层次上是好的，在另一层次上又不好……"母亲住宅成为其《建筑的复杂性与矛盾性》一书的生动写照，通过采用更加地方化的形态与空间，走上一条和现代主义不同的道路（图1.3.4）。

图1.3.4 母亲住宅

5.迈耶的道格拉斯住宅

道格拉斯住宅位于美国密歇根州，是美国现代主义白色派代表人物理查德·迈耶的作品。大片框架玻璃和金属的栏杆扶手、公共与私密空间的实虚变化、体量垂直与水平处理手法等迈耶常用的住宅设计手法，在道格拉斯住宅里运用得非常成熟。

整个基地自然景观环境绝佳，但地势相当陡峭。住宅外部形式纯净，局部处理干净利落，白色派的空间构成特点非常明显。在规整的结构体系中，通过虚实、凹凸安排，赋予建筑以明显的雕塑感。特别是与露台相连的室外楼梯，在造型上与露台一起成为消减箱体体量、打断轮廓完整性的重要元素。住宅内部空间注重功能分区，特别强调公共与私密空间的区分：公共空间采用框架结构，多层通透空间与大玻璃墙面和采用墙体布置的私密性空间通过通道相连，有高侧光强调开放与封闭的对比。建筑强调人工与天然的对比，在与环境强烈对比、互相补充、相得益彰之中寻求新的协调。但是为了使住宅面向湖面景观，将房子朝向设置成东西向，大片框架玻璃因为没有任何的遮蔽，有相当严重的西晒问题（图1.3.5）。

6.埃森曼的系列住宅

美国建筑师彼得·埃森曼于20世纪60年代末设计了一系列编号的房屋。[1]这些房屋

1.新泽西州普林斯顿的"住宅1号"（1967—1968年），佛蒙特州HARDWICK的"住宅2号"（1969—1970年）和康涅狄格州康沃尔郡的"住宅6号"（1972—1975年）等。

图1.3.5　道格拉斯住宅

实际上是对现代主义的刚性几何和矩形平面关系的探讨实验。在传统建筑体系中，屋顶是保护我们的躯体，遮风挡雨是建筑的首要功能，也是基本功能，但建筑的形态显然并未穷尽。埃森曼认为建筑形式只是一套符号，功能只是形式的附庸，设计的过程就是要排除个人和文化的因素，由建筑自身的逻辑关系演变而来。

　　在"住宅2号"中，埃森曼将一个立方体由柱子或墙体划分为等体积的九个空间，再对立方体对角划分，最终形成复杂连锁的空间，用来安排人的居住活动。"住宅2号"的柱廊可以看作向现代主义大师勒·柯布西耶致敬，但除此之外，它更像是暴露在外的骨骼，梯形的屋顶、屋顶上的玻璃窗和柱廊围合的空间，使整体建筑空灵而富有趣味。显然对于埃森曼来说，忽略功能与技术，关心建筑本身的空间节奏和"有助于解决结构问题的形式原则"更能促成一种自由、自然产生的形式，最终达到一种纯粹的自主性（图1.3.6）。

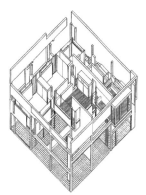

图1.3.6　彼得・埃森曼的"住宅2号"

7. 盖里的自宅

美国建筑师弗兰克・盖里的自宅，是解构主义应用在住宅中较为有名的作品。解构主义追求的不规则、杂乱、复杂的空间与匀质空间概念完全对立。

盖里自宅原本是一幢20世纪20年代普通的坡屋顶、2层木结构的荷兰式小住宅，位于美国圣莫尼卡两条居住区街道的转角处。盖里在1977年进行改建时，保留了原有大部分房屋，并在东、西、北三面进行扩建。扩建部分形体极度不规则，使用了瓦楞铁板、金属网、木板、钢钎玻璃等常规住宅中不会出现的材料。不同材质、不同形状相碰撞、硬接，而且全都裸露在外，不加掩饰。最引人注目是厨房天窗的奇特造型，好像一个用木条和玻璃做成的立方体偶然落到凹入的房顶厨房上空。其余的屋顶上安置着若干铁丝网片，使扩建部分的轮廓线更加复杂，有点类似施工现场和临时建筑的造型，同保留下来的老房子无论在材料上、形体上，还是在风格、观念上都形成强烈的对比（图1.3.7）。

8. 博塔的提契诺州独户住宅

瑞士建筑师马里奥・博塔的建筑作品常根据不同的环境条件展现不同的优势。他关于建筑原型、场所重塑、建筑语汇以及建筑的隐喻性等思想和设计手法，都具有鲜明的原创性和独特性。在住宅设计中，博塔喜好在自然环境中营造封闭的盒体，并根据环境需要在盒子上开洞口，通过双层皮的做法，减弱光线、抵御风雨的同时，创造出象征性和符号性。

圣维塔尔河住宅（House at Riva San Vitale）位于瑞士提契诺州圣维塔莱河畔，地理位置充满诗情画意。长长的颜色鲜红的铁桥将它与白雪覆盖的圣乔治山相连，架起了一座人与自然对话的桥梁。住宅本身是一个朴素的立方体，厚重的角柱由特大型的水泥砖

图1.3.7 盖里自宅

组成。由于基地的限制，建筑的入口在顶层。该住宅楼梯间设计巧妙，位于正方形平面的中心，将转角处与走廊结合起来，不仅节约空间，也使主要使用空间之间形成通路。住宅西面对着山坡，北面对着冬季寒风，两面开口极小，形似"狭缝"。狭缝好比取景的画框，表达出设计者对场所界定的强调。东、南面向阳面湖，故有较大面积的开口。圣维塔尔河住宅充分体现了博塔的建筑理想——一个纯洁的几何形体，用与自然对立但却永恒经典的立方体表达对自然与传统的崇敬之情（图 1.3.8）。

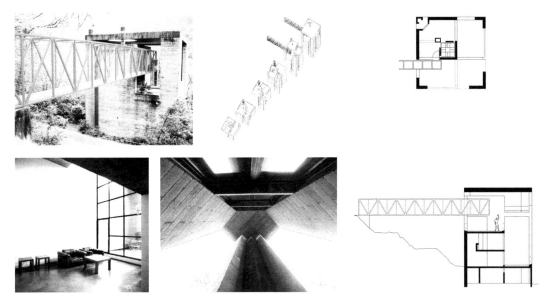

图1.3.8　圣维塔尔河住宅

9. 安藤的住吉长屋

基于城市密集度提高，日本在 20 世纪 60 年代后期建成了一系列相对封闭的箱体城市型住宅。从原来传统依靠庭院、外廊、连续房间的构成组合，转向在相对闭合住宅空间中对通透空间、顶光、跃层、中庭的探索。住吉长屋是日本建筑师安藤忠雄的代表作品，位于大阪市住吉区的东邸。长屋在大阪是常见的住宅形式 [1]，住吉长屋封闭的长方体继承了传统长屋狭长的特点，模拟日本街巷尺度下住宅的基本模式，企图找回传统长屋的生活感觉，但是立面更加封闭。其中心有一个内向型庭院空间，是人们与自然接触的地方，解决私密性的同时也解决了采光问题。外部则采用安藤惯用的清水混凝土、铸铁玻璃、木材和石条。住吉长屋是安藤清水混凝土美学公之于世的作品，反映了设计者对日本传统住宅的理解和审美倾向（图 1.3.9）。

---

1. 传统长屋是京都和大阪比较普遍的一种住宅形式，大约以 2 间（约 4 米）的宽度为一户住宅，然后将其连续排列而成。

图1.3.9　住吉长屋

10. 赫尔佐格和德梅隆的鲁丁住宅

赫尔佐格和德梅隆[1]于 1997 年在法国建成的鲁丁住宅，是一个有些奇特的住宅作品。该住宅底层架空，独栋小屋承载着对于存在、庇护温暖洞穴的复杂记忆，把传统住宅（原始、简陋、笨拙的双坡顶形象）和现代住宅（萨伏伊别墅的新建筑五要素）两种不同的住宅理念相结合。这种基于历史的但用全新的方法演绎的住宅建筑，充满了可爱的童趣（图 1.3.10）。

1.3.2　当代独立式住宅设计

一方水土养育一方人，与生活息息相关的独立式住宅设计除了着眼于舒适的环境、更个性化与人性化的空间打造，还要考虑地域性和本土文化的融合。地域性作为地理概念，包括一个地方的气候、地理条件[2]等自然条件，还包括地区的历史、过去的样子和发展的

---

1. 瑞士建筑师雅克·赫尔佐格（Jacques Herzog）与皮埃尔·德梅隆（Pierre de Meuron）是当今国际建筑界著名的大师级人物，他们的创作思想对于当今世界的建筑领域产生着十分重要的影响。

2. 地理条件主要有热量、海拔、纬度位置、太阳高度、主导风向、与山的距离、距海的远近，以及湿度的影响，还有一年的温度变化、降水量，如果是山区，还要考虑雾气的影响等。

图1.3.10　鲁丁住宅

经历。总体来说，在结合现代技术、可持续发展理念，发扬地域文化与传统，探索多种材料应用，追随艺术与文化思潮等各个方面，独立式住宅设计都作出了积极的探索。

1.西方案例

（1）格伦·马库特的住宅作品

澳大利亚建筑师格伦·马库特（Glenn Murcutt）的住宅作品集现代性、本土文化、地方手工艺和对自然的尊重于一身，非常有特点。其住宅作品的地域性主要体现在根据风向、降雨条件和光照角度确定建筑的位置和走向，通过设计利用风压及空气的对流，以一种自然的方式调整室温。自然通风系统在其中扮演核心角色，又被称为"呼吸"的建筑。他在20世纪70年代中期设计的玛丽·肖特住宅，采用羊棚式的双层卷棚铁皮浪板屋面，可以由屋脊内侧引入外面的冷空气流，将沿着曲面上升的热空气带出房间。天窗设有斜角百叶，刚好遮挡住夏季的炽烈阳光，又不影响冬季阳光照进室内。1982年设计的玛格尼住宅（Mange House）屋面直接指向天空，将起居空间最大限度地推向北方开阔的壮美

（a）玛丽·肖特住宅　　　　　　　　　　　　（b）玛格尼住宅

图1.3.11　格伦 · 马库特住宅作品

景观，为了遮挡北侧的午间日光，出挑深远的屋面下设有一列钢杆支架，作为拉撑固定。南向辅助性空间外墙只留有一条高窗带。屋面在中部向下弯折，形成排水槽带。这种实用的设计手段并非对技术形式的刻意追求，而是基于环境的推理结果，改善住宅的居住环境质量的同时，也为建筑塑造一种强力动人的飘逸形象（图 1.3.11）。

（2）斯蒂文·霍尔的温雅住宅

地方文化取向与价值观、建筑传统形式等也对住宅设计有影响，如斯蒂文·霍尔的温雅住宅位于美国马萨诸塞州的海边，建筑师并没有简单地采用常用的建筑形式，而是深入研究当地印第安人传统——一种用海边风干的鲸鱼骨架上面赋予树皮、皮革等搭成窝棚的建屋方式，以木架模拟鲸鱼的形态，使建筑表达具有鲜明而独特的地域文化特征（图 1.3.12）。

2. 东方案例

过去 20 年里，西式风格一直主导着中国居住审美。随着中国社会发展到一定阶段，伴随国家经济实力的增加和中国传统文化的自信心重建，中国居住文化的重构慢慢转向精神回归，开始在自己固有的文化体系上提炼设计元素，而不是到处抄袭外来文化。

（1）新中式

近年来，一种现代、典雅又有着浓厚的文化亲和感的新中式住宅设计，在铺天盖地的欧式别墅中重拾"采菊东篱下，悠然见南山"的生活感觉。传统中式住宅与西式住宅在空间上有所不同：相比欧美通透性好、利于观赏四周景色的开放式住宅，中国传统住宅是围合内向的，最大特点是私密性好。这种形制有自然和社会两个方面因素。正如前文所述，院落的进深、朝向、大小、高低受到城市整体规划等社会因素方面的制约，屋顶、房屋开间与进深、出檐、挑廊同样受到当地降雨、温差等自然因素的影响。传统的中式

图1.3.12　斯蒂文·霍尔的温雅住宅

独立住宅在地域性的应对方面积累很多，与当地气候特点、风俗习惯、文化信仰乃至经济水平和建筑材料紧密相关，它们历经沧桑而经久不衰，沉淀了无数先人的经验教训，值得现代设计的借鉴。

新中式住宅设计力求以现代材料和现代手法，把传统建筑元素抽象化，形式简约而不简单，在保留中式住宅的神韵和精髓的同时，打造出既符合现代人的生活方式，又能体现中国建筑特质的生活空间。新中式住宅秉承传统，又适应国内气候与风土人情，摆脱传统建筑陈旧的气息，追求建筑的"神似"而非"形似"。经过市场的洗礼，它融合了诸多新的审美需求：新中式素雅的院落、青砖黛瓦、木门铜锁、小桥流水、树荫婆娑，总能勾起中国人无限的向往，仿佛是记忆中故乡的模样。现代中式院落的美在于意境，既有东方的禅意又不失简约时尚，特别是细节元素的处理，空头墙、观音兜山脊、马头墙高低错落间，没有浓烈的色彩、没有张扬的配色，以大面积的空白为载体，四季光影变化，给人留下遐想的余地，拓宽院落的层次布局的同时更加强调艺术境界的营造（图1.3.13）。

（2）长城脚下的公社

中国当代住宅设计如何本土化、人文化与可持续发展，如何考虑地域性和本土文化的融合，如何借鉴优秀的传统住宅经验，是每个设计者需要认真思考的问题。长城脚下的公社就是这样一种项目的尝试。这是一组由多名亚洲杰出建筑师设计的各具特色的独

图1.3.13　新中式的案例

立式住宅作品。由于基地所在位置的特殊人文与自然环境的关系，组织者旨在通过这个项目完成对本土文化、地域建筑文化的探索。每个建筑师也用其各自的住宅作品，表达对中国文化、当地特殊地理环境以及人文环境的尊重和理解（表1.3.2）。从整组建筑来看，主要有以下几个突出的特点：

①建筑与环境、地形、地貌紧密结合，在山坡上建房随高就低、依坡就势、因地制宜；

②在建筑材料使用上，以石片、土坯、木板、竹、席和清水混凝土为主要材料，采用低技术策略；

③住宅室内空间的家具、陈设、厨卫设备风格现代、简洁、明快，体现了现代建筑的简约之美。

长城脚下的公社一览表　　　　　　　　　　　　　　　表1.3.2

名称	建筑师	项目概况	设计理念	设计特点	实景照片
飞机场	简学义（中国台湾）	建筑面积：603m²，4间卧室	出于对大地与历史的尊重，建筑追求地景的融合和回归自然的生命体验	两道嵌入山坡的石墙由当地石材所砌筑，与从中穿插的箱型空间，以一种简单的建筑形式结构回应复杂的地形环境，与"长城"交相唱和	

续表

名称	建筑师	项目概况	设计理念	设计特点	实景照片
竹屋	隈研吾（日本）	建筑面积：347m²，6间卧室	试图将长城自我孤立倾向的特质运用到居住行为上	建筑内外装修巧妙利用中国文化中典型符号——竹子。风格粗犷的竹百叶窗和竹栅，在室内产生如入竹林的光影效果，与室外景色和谐自然	
红房子	安东（中国）	建筑面积：485m²，4间卧室	山里的房子不同于都市，是与长城共享一个基地的结果，非以邻居的身份，而是出于对它的注视	悬臂出挑的房子，对于原始的地形没有太大的改变；简单几何形体与自然的材料，还有属于自己私密的屋顶庭园，视野开阔，可尽享长城山谷的风光	
怪院子	严迅奇（中国香港）	建筑面积：481m²，4间卧室	以传统的合院住宅为主体，融合现代与传统的空间概念：既有传统中庭平淡而内敛的属性，又强调现代多功能活动的可调整需求	以最单纯的元素，白色刷漆的墙面、木质地板与石材饰面传达宁静的乡村式家居生活的感觉。错落有致的三层空间、两层露天庭院与院子中的小露台彼此呼应。竹屏栅与中庭相映成趣	
森林小屋	古谷诚章（日本）	建筑面积：573m²，4间卧室	拥有当地独特的地形优势和远处蜿蜒的长城景观，并为人们提供一个新的机会，结识原本陌生的人	由狭长的玻璃组成森林小屋外墙，和环绕四周的密林形影相映，使用当地原材，但通过新颖的建筑方式形成独特的空间	
家具屋	坂茂（日本）	建筑面积：333m²，4间卧室	引用中国传统合院建筑的概念，让宽阔的基地发挥最大优势	选用"家具住宅"系统（利用组合式建材与隔热家具为主要结构的系统），开发与探索竹制合板作为结构元素的可能性	
风景屋（三号别墅）	崔愷（中国）	建筑面积：410m²，4间卧室	处理好"看"与"被看"的关系	到山里是为了看风景：北向、东北向视野开阔、景观层次丰富，居室部分面向东北且全面敞开。不要挡景：利用台地下沉，居室部分平行山体布置，保持山沟的视野畅通，架空使原有山地得以延续	

续表

名称	建筑师	项目概况	设计理念	设计特点	实景照片
大通铺	堪尼卡（泰国）	建筑面积：524m²，4间卧室	山中度周末的家是为了展示一些人们日常丢失的东西，从而使生活更加平衡。在坡地和庭院中创造室内和室外之间的强大和谐	大通铺强调沟通和共享：二层的卧室是一排大通铺，甚至每个卫生间里都有两个大浴缸，可以体验边洗澡、边聊天的乐趣。客厅屋顶上有一块凸出的长形玻璃窗，使屋内屋外可相互观望，连为一体	
土宅	张永和（中国）	建筑面积：449m²，4间卧室	结合传统建筑方式，表达对创造现代中国民居的愿景，而非陷落于盲目仿效古建筑形象的窠臼中	建筑被一分为二，引入不同的景致、空间，柔和处理自然地景与人造建筑间的分际。两半间的角度可自由调整，配合不同的山坡地形。从主入口那几步通透钢梯穿过玻璃地面小门厅，望向两半间中的空间，俨然"柳暗花明又一村"，内空间向山景敞开，尺度相宜，有一种绝不同于住在喧闹城市的感觉	
手提箱	张智强（中国香港）	建筑面积：347m²，4间卧室	抱着对典型住宅形象的怀疑，试图重新思索亲密感、隐私性、自发性与弹性的本质，提出满足最大弹性空间要求的简单设计	为了一览万里长城盛景并享有最大的日光照射，建筑采用南北走向。住宅中的每个重要空间都得以坐拥长城美景。配合建筑可调性的特色，可活动家具在建筑内部扮演着积极的角色	
双兄弟	陈家毅（新加坡）	建筑面积：477m²，4间卧室	建筑师希望本案的访客获得充裕的机会，可以与基地粗犷的特性及其相关的历史连接	采用当地的石材作为主要材料之一。住宅量体是以一个较大L形的建筑物与一个较小L形的建筑物配置于山谷基地当中，形成一个隐秘、亲密的但不同于普通庭园的模式。它在各个方向都有特殊的开口穿透，可以与外部有视觉上的连接	

单元任务

1. 任务内容

选择已建成的现代风格独立式住宅项目进行资料收集与案例分析。收集的资料内容包括：设计师 / 设计公司简介、项目周边环境介绍、建筑总平面图、各层平面图、立面图、剖面图以及建筑照片（全景照片、局部透视、室内照片）。完成案例文献调研报告 PPT 制作。

2. 任务要求

（1）调研对象

2—3 层、现代建筑风格的独立式住宅项目、新锐建筑师作品。

（2）调研 PPT 要求

以 PPT 形式提交作业，要求逻辑清晰，包括封面、目录、主体三大部分，以图示语言为主，文字提纲挈领，图文并茂，内容充实。

①封面（名称）、目录；

②案例介绍：谁设计的（建筑师 / 建筑公司）、为谁设计（业主家庭结构、职业背景、特殊要求）、建筑概况（面积规模、层数）、建筑理念；

③建筑与场地的关系（关注建筑与环境的处理关系）；

④平面功能与流线分析；

⑤二维图纸与实景的对照；

⑥形体分析；

⑦建筑优缺点总结。

3. 任务目标

（1）知识模块

①了解独立式住宅的演变历史，以及独立式住宅设计和建筑设计的关系；

②引导学生深入了解独立式住宅中西方差异，从大师住宅作品的解读中理解住宅设计的各种可能性，为后续章节的设计方法论述做好铺垫。

（2）技能模块

①通过独立式住宅作品的设计理念、场地布局、功能与流线、形体分析等各个方面的系统调研，学会高效搜索资料的技巧，初步掌握住宅类建筑作品的整个分析过程；

②调研的目的是为了指导设计，通过资料收集、整理、分析与比较，熟练掌握建筑调研这种重要的研究方法。

（3）思政模块

①从传统民居看人与自然的关系，发掘传统民居中蕴含的生态大智慧，从而建立起文化自信；

②了解独立式住宅的社会背景，建筑师的社会责任；

③理解中国当代居住文化精神回归的深层次原因；

④在独立式小住宅资料收集作业中，注意绿色、可持续发展等理念的导入，培养学生专业的绿色生态意识。

第二单元　独立式小住宅设计分析

2.1　基地分析

无论是独立式小住宅还是豪华别墅，设计都是一个从已知条件出发的求解过程：针对基地情况、使用者的职业和爱好、建筑人文背景等特定因素进行功能安排、空间界定、环境创造。基地因其地形、地貌、日照、景观、人文等复杂条件成为建筑设计中重要的制约因素，所以对基地进行分析往往是独立式小住宅设计的第一步。

2.1.1　自然条件分析

基地的自然条件包括自然景观、日照条件以及基地本身的形状、地形、地貌等。对基地自然条件进行分析，有利于找出最优基地区域进行总平面布局。通过对景观要素的分析确定建筑景观面，加以运用成为设计的点睛之笔，也有利于把握建筑建成后对基地自然环境造成的影响。

1.景观要素

景观要素包括水、树、巨石等要素。在中国传统造园术中，山、水是风景优美的两个基本要素：山赋予风景形状和空间，水则赋予风景以灵动和声响。中国传统造园中常用的借景、对景等手法，就是充分利用山、水等自然环境，预先设定住宅的主要朝向，引入有利的自然风光，利用轴线确定视线关系，以产生某种秩序或营造某种感觉，也可以把杂乱、嘈杂的不利因素阻隔在住宅的视野之外。

（1）借景

借景是当代住宅设计中引入景观要素的常用手法，特别是对于拥有海边或者湖边美丽景观的独立式住宅，造型各有千秋，住宅的平面布局大都直接面向或折角面对水景，通过扩大借景面的开窗方式，最大限度地引入水景（图2.1.1）。

（2）对景

对景也是当代住宅设计中借助景观常用手法之一，比如位于日本伊豆的山边别墅，十字形建筑一翼向南侧太平洋伸展，最大限度地获得蓝天大海的全景视野，另一翼朝向西侧的橡树和白桦树林，与周围的森林有了更亲近的视觉对话（图2.1.2）。还有前面提到的圣维塔尔河住宅。红色的桥是外界通往建筑的主要入口，从门厅回眸，桥体如同红色的画框把对岸的古老教堂容纳其中，通过对景完成古今的视觉对话。

（a）案例 1——群岛之墅

（b）案例 2——帕拉提别墅

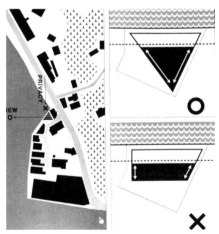

（c）案例 3——佐岛别墅

图2.1.1　独立式住宅中的借景

（3）造景

由于都市型独立式小住宅建在建筑密集的城市地段，考虑到基地周围建成环境和邻里建筑的影响，往往会选择封闭外墙阻隔某些视野，或者在建筑内部营造中庭或庭院的做法，以回避不利的景观条件。前文中提到的日本建筑师安藤的住吉长屋，周围没有湖光山色，建筑师通过内部营造封闭庭院，在规避外界嘈杂环境的同时，也能体验风霜雪雨的四季变化。另外一位日本建筑师藤本壮介的 N 住宅，其庭院空间由矩形开口的白色人工盒子层层嵌套，如同介于内外、透明与不透明之间的几何森林，空间构成非常丰富（图 2.1.3）。

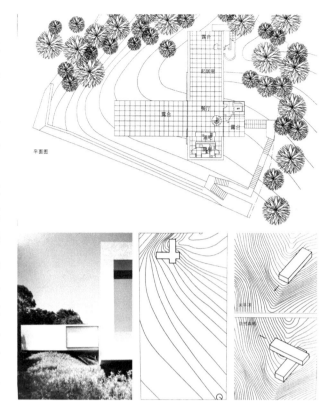

2. 日照

日照因素是影响独立式住宅功能空间布局、采光、朝向设计的重要因素。

（1）朝向

通过日照分析可以确定建筑的最优朝向。

① 一般南向、东南或者西南朝向可以获得比较充分的日照，用于生活起居等主要使用功能空间。

② 辅助、附属的空间多布置在没有直接日照的北向，还有一些有

图2.1.2　独立式住宅中的对景——拉普斯别墅

图2.1.3　独立式住宅的庭院空间

特殊要求或采光要求不高的房间也可以布置在北向，不开窗或者开高窗。

③ 西向的房间要特别注意防晒：可根据不同的情况巧妙利用屋外绿化，如种植一些落叶树，冬季确保房间日照充足，夏季又为房间遮蔽阳光。

④ 巧妙利用建筑造型，如设置大面积落地窗有利于采光和取景，或设置相应的百叶、挑檐等构件设施，可以控制光线方向，从而最大限度地利用日照条件（图 2.1.4）。

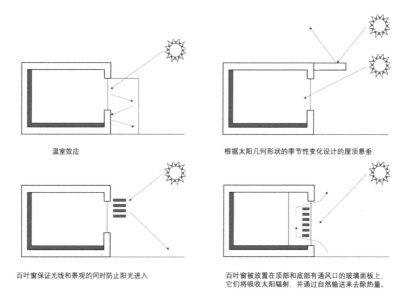

温室效应

根据太阳几何形状的季节性变化设计的屋顶悬垂

百叶窗保证光线和景观的同时防止阳光进入

百叶窗被放置在顶部和底部有通风口的玻璃面板上，它们将吸收太阳辐射，并通过自然输送来去除热量。

（a）外墙遮阳设施

各个房间朝向中庭而建

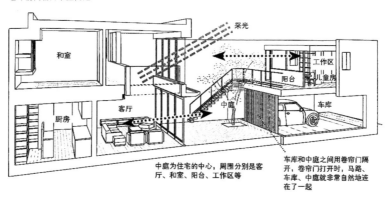

中庭为住宅的中心，周围分别是客厅、和室、阳台、工作区等

车库和中庭之间用卷帘门隔开，卷帘门打开时，马路、车库、中庭就非常自然地连在了一起

（b）中庭的采光

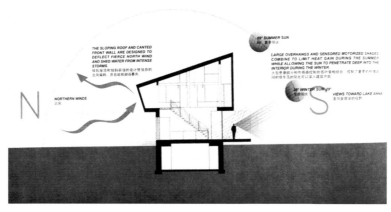

（c）不同季节的日照

图2.1.4 独立式住宅的日照

（2）光线设计

除了满足传统的采光需求，当代设计对于光的使用，还特别注重营造空间意境和艺术表现力。光线对现代建筑空间设计的影响和作用，通常体现在以下几个方面：

①调整空间尺度感：通常人们对光线强烈的地方视觉感受较强，对光线较暗的地方视觉感受较弱。光线的明暗变化不仅会影响空间的整体尺度感，还可以产生空间的层次感。

（a）英国伦敦面向庭院的起居空间　（b）日本大阪昭和町民宅休息室
图2.1.5　独立式住宅的光影

②空间划分：运用光线的明暗对比，能够对建筑做出空间划分。相比实墙，光线划分空间可以更加灵活，各区域之间既有区分又不失完整。

③空间秩序引导：利用光线的变化可以引导空间走向，强化空间秩序。前文中提到白色派的住宅空间就非常擅长用顶光或者高侧光来引导空间走向。

④塑造空间气氛和细节：瞬间变化的光线会使建筑造型层次更加丰富，增加空间的层次感和趣味性，有利于建筑设计细部的深入（图 2.1.5）。

3. 地形、地貌

地形、地貌是影响设计的另外一个重要因素。很少有基地是百分之百的平坦，对于小于 3% 的坡地，建筑可以参照平地处理方式进行设计。对于坡度较大的基地，会直接影响住宅的平面形态和剖面设计。此类独立式住宅设计思路通常有以下几种：

（1）以平面设计基于坡度的层层叠落，建筑入口设在建筑最上层或者中部，上下各层通过室内楼梯相联系，同时结合室外台阶、平台、庭院形成丰富的空间，如位于半山坡上的帕拉提别墅。

（2）以独立的体量与基地硬性碰撞在一起，如位于圣地亚哥以南 550 公里克里莫（Coliumo）半岛的波利（Poli）别墅，建筑外观和山融为一体。

（3）通过立柱与平台使整个建筑架空于坡地，从而在山坡上获得美丽遥远的景观，如法国的利兹别墅，架空处理遵循沙丘峰原本自然起伏的形态，也没有过多破坏原有的森林密度。

（4）缓坡也可以巧妙处理地形，如位于美国纽约州北部丘陵地区的 MM 别墅，土地特有坡度被充分利用，形成该建筑独具特色的室内外空间形态（图 2.1.6）。

（5）地处在山谷的独立式住宅，也可以充分利用周边环境，如网格住宅（Grid House）方格式建筑单元的设计源于此处地形。住宅地处山谷，规避了山风的侵袭，钢筋混凝土的梁柱结构悬空处理在有利于排湿的同时，也为周边绿色植物的生长和延伸预留

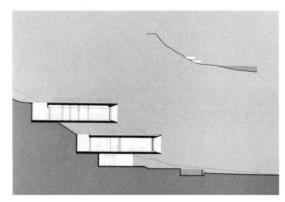

（a）案例1——帕拉提别墅

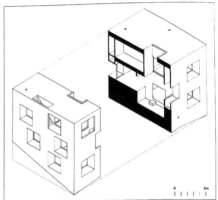

（b）案例2——波利别墅

图2.1.6 坡地上的独立式住宅空间（一）

（c）案例3——利兹别墅

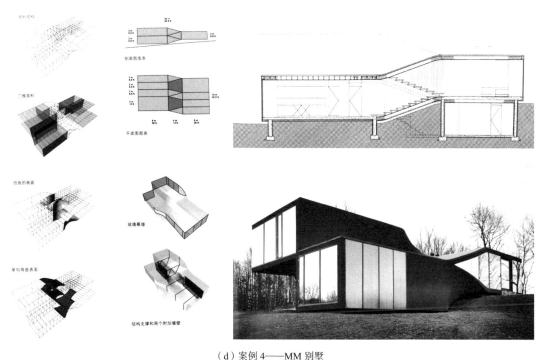

（d）案例4——MM别墅

图2.1.6　坡地上的独立式住宅空间（二）

了空间（图2.1.7）。

4. 风向

　　不同地区在不同季节的风向和风力都有所不同。一般通过风向玫瑰图[1]可以很好地了解该地区的风向情况。风向玫瑰图因形似玫瑰花朵而得名，又名风玫瑰。图中线段最长的标识为当地主导风向。风向玫瑰图可直观地表示年、季、月等的风向，为城市规划、建筑设计和气候研究所常用（图2.1.8）。在建筑规划选址和建筑设计中考虑建成环境的风向因素，有利于建筑室内自然通风组织，避免有害气体的扩散对使用者造成不利影响，

---

1. 风向玫瑰图是根据各个方向风的出现频率，以相应的比例长度按风向中心吹，描出用8个或16个方位所表示的图上，然后将各相邻方向的端点用直线连接起来，绘成一个宛如玫瑰的闭合折线。

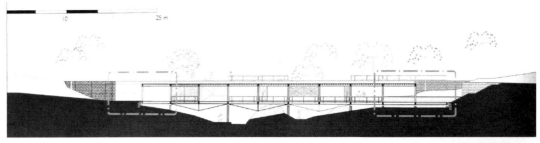

图2.1.7　山谷中的别墅

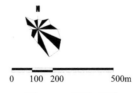

图2.1.8　风玫瑰图

通常有以下几种做法（图 2.1.9）：

（1）建筑外部形体设计要处理好建筑主体与建筑风向之间的关系，通常与夏季主导风向保持合理角度，避开冬季不利风向。

（2）组织好建筑空间里的穿堂风、过中庭的风和单面风。比如北方的传统民居在向阳一面设置宽大的窗户和深出檐，而在另外一面设置面积不大的高窗，以便于形成导风效应，有效促进室内空间的流动。

（3）充分利用独立式住宅中通高的客厅、楼梯间、通风井等的一些高大空间，就像腔体一样可以改善建筑内部环境。

（4）底部架空设计能很好地实现自然通风。就像在潮湿炎热的南方，传统民居中充分利用天井对空气的抽拔效应，将外部干燥凉爽的空气引入室内，带走室内潮热浑浊的空气。

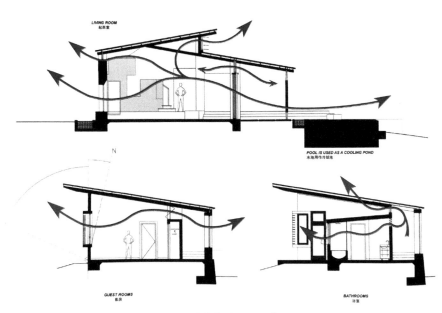

图2.1.9 住宅自然通风示意图

2.1.2 人文条件分析

任何建筑都必然处于特定的自然和人文双重环境中，受到双重条件影响和制约。住宅基地的人文条件包括基地所在特定地区的文化取向、建筑文脉、地方风格以及地方法规与条例规范。

1. 文化取向

不同的地域文化造就不同的住宅形态和风格，同时也反映居住者的生活方式。许多传统民居形式，比如地中海风格的住宅、日式和风住宅、傣族的傣楼等，都深受自然与人文的双重影响。对地方建筑传统的深入了解和仔细研究，有利于建筑设计的地域性特征形成，而烙印着文化取向和价值观念的居住者的生活方式会极大地影响独立式住宅设计的最终形式。此外，了解业主的宗教信仰、生活方式、习惯以及职业与需求等，也会赋予独立式住宅的个性特征。

（1）地中海风格住宅

一提到地中海风格，脑海里就会情不自禁浮现：地中海阳光下简单、圆润的建筑线条，绚烂、明亮的色彩组合与碰撞，还有长廊道、圆拱、墙面以及随处可见穿凿而成的镂空景致。这些地中海风格住宅常见的元素，不仅可以增加海景欣赏点的长度，还可利用风道形成穿堂风，达到降温效果，加上地中海浪漫自由的人文特色，逐渐发展成为一种典型的住宅建筑符号。

（2）和风住宅

作为日本传统建筑设计理念与审美观念的代表，和风是对日本传统文化中的下驮、和服、风吕等形象的概述。[1]"和风住宅"形式由空间的障子、懊、绿等组成。"障子"是以日本特制纸涂在窗上，通过透进的光形成一幅平面视觉的立体画面。和纸是日本独特文化空间的浓缩。纸的使用很有讲究，不仅透光、通气、调湿、消臭，还具有防太阳紫外线和遮蔽的功效。"懊"同"奥"，是指房屋的深处，用日本传统手工艺通过书写或绘画形式，在窗幕、门面、个室之间进行描绘，使推拉门增加空间与画面的感觉。"绿"则是外部与内中间部位的轩（图 2.1.10）。

（a）地中海风格住宅　　　　　　　　　　　　　　　（b）日式和风住宅

图2.1.10　多元化的独立式住宅

2. 地方法规与条例

地方法规与条例对基地红线、建筑红线、建筑高度、建筑风格等方面有着相关规定要求（图 2.1.11）。

（1）基地红线又称用地红线，是各类建筑工程项目用地的使用权属范围的边界线。基地红线范围内除了建筑设计，还包括场地、道路等建筑外部空间的设计。基地红线和建筑红线之间的用地范围极易在总平面布局中被初学者忽略。

（2）建筑红线又称建筑控制线，是有关法规或详细规划确定的建筑物、构筑物的基底位置（外墙、台阶等）不得超出的界线。建筑红线控制的是建筑的可建范围，建筑红线一般是在基地红线的基础上，按各地地方规范要求退让之后得到的红线。

（3）道路红线是城市道路（含居住区级道路）用地的规划控制线，道路红线内包括机动车道、非机动车道、绿化隔离带、人行道，是道路两侧最外边的线。用地红线有时会与道路红线交叉或重合，这两条线之间的用地由城市规划部门确定，属城市用地，建设单位不得占用。基地与道路红线不相邻时，基地道路应与道路红线所划定的城市道路

---

1. "下驮"的"驮"意为"履"，喻指人穿的鞋。而"风吕"指"浴"之意。将"风"与"和"组合而成，形成其特定的建筑文化艺术形式，是指人们要出门干农活，回家后便要洗去身上的灰。

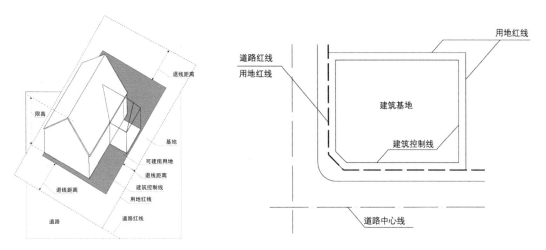

图2.1.11　基地红线示意图

相连接，独立式小住宅建筑面积一般不会太大，基地道路的宽度不应小于4m。

（4）规划部门出于对公共利益的维护，通过对红线、退红线的规定，对建筑高度的规定，限制建筑的自由延伸，使建筑和周围已建成环境协调起来，特别是在一些历史保护风貌区，还会对建筑风格甚至立面有更详尽的规定与要求。

（5）建筑设计应符合法定规划控制的建筑密度、容积率、绿地率、建筑高度，甚至建筑风格等的要求。总用地面积、总建筑面积、容积率、建筑密度、绿化率是主要的几项建筑经济技术指标。[1] 容积率是城市规划中的一个重要技术指标，容积率间接反映土地的开发强度。对于住户来说，容积率直接关系到居住的舒适度。通常来讲，一般独栋住宅项目的容积率为0.3—0.5，绿地率应不低于30%，住宅环境还可以。

2.1.3　基地流线分析

对基地流线进行分析，可以把握基地周围及内部的人、车的运动轨迹和方式。基地流线分析对住宅的出入口设置、车库的位置和停车方式的选择有着重要作用。

1.出入口

基地周围的交通方式和流动特征是基地流线分析的重点。对基地进行流线分析，就是对使用者的人流、车流两种可能的轨迹进行分析。然后根据周围道路不同宽度和等级，确定人、车从外界到达基地的最佳通达方式。一般而言，独立式小住宅的庭院出入口不宜直接面向车流大、车速快的主干道上。

2.道路与场地

车辆从外部道路进入基地，再进入车库或者停车位的方式、转弯半径、道路宽度，

1.总用地面积：用地红线范围内的面积；总建筑面积：建设用地范围内建筑物地面以上及地面以下各层建筑面积之总和；容积率：建筑面积总和（地上）与用地面积的比值（无单位）；建筑密度：建筑基底面积总和与用地面积的比例（单位：%）；绿地率：用地范围内的绿地总面积与规划建设用地面积之比（单位：%）。

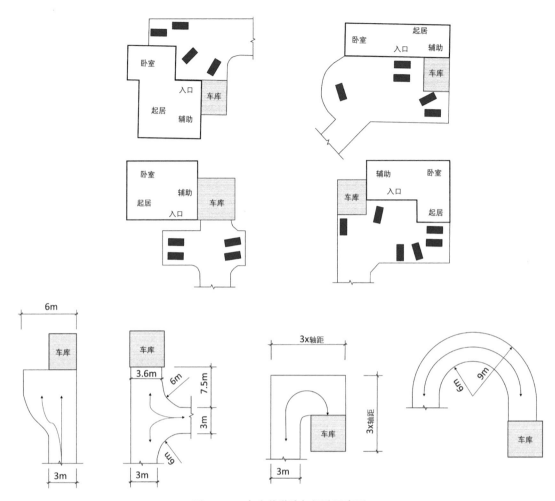

图2.1.12　车库前道路与场地示意图

不仅影响车库停车位的位置，还可能影响住宅室外的空间布局。有时住宅不得不架空一层，以满足基地内部车行路线的要求。一般住宅所需的垂直式停车位尺寸约为 3m×6m，平行式停车位所需的尺寸约为 7.5m/8m×2.5m。一般单车道宽度为 3m，轿车的转弯半径为 6m（图 2.1.12）。

2.1.4　基地案例分析

基地案例是某公司管理人员（夫妇与孩子共 3 人）在郊区购得一处开阔地。拟建一栋独立式小住宅作为家庭居住之用，用地周边环境良好，有高大乔木，有良好的景观价值。基地有三块任选地形，首先需要对所选地块进行优劣分析，然后选择其中一块基地进行图解分析，对基地的自然条件，如对水域、坡地、道路交通、最优景观面、最佳采光面、出入口等进行分析（图 2.1.13）。

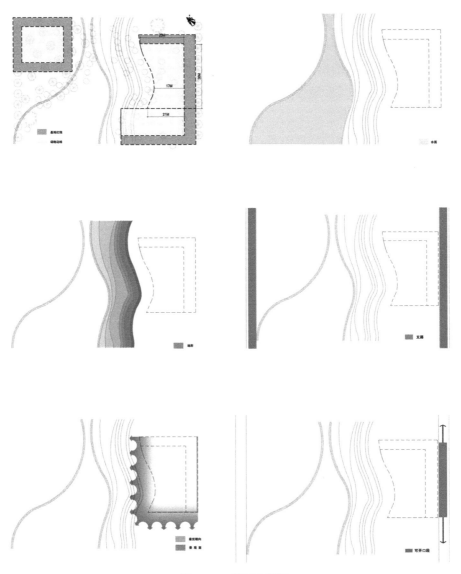

图2.1.13　地形分析图

2.2　总平面布局

2.2.1　布局原理

基地分析是对基地自然景观要素的分析，总平面布局则是在基地分析的基础之上，表达建筑与基地环境的关系，以及设计者对两者之间的处理手法。总平面布局主要解决两个问题：总平面布局需要做什么，以及怎样进行总平面布局。

1. 总平面布局需要做什么

（1）基地外部情况分析：通过对基地自然与人文的分析，把周边的道路关系、已建成建筑的影响，有无可以利用的景观要素等一一展示出来，由此判断出基地的优势区域。

通过分析外部流线对内部的制约，判断基地的出入口。

（2）新建筑的布局：一般而言，主要使用功能空间都位于基地优势区域，具有良好的景观与朝向。建筑布局无论相对集中还是分散，作为功能与造型处理的最终呈现，都是对基地分析（自然环境条件和硬性规定的边界条件，包括退界、限高、日照遮挡、容积率、覆盖率等）不同处理的结果。

（3）新建筑与基地之间的场地关系：包括基地内部的道路、绿化与场地的布置，也是功能分区、动线分析的结果。

2. 怎样进行总平面布局

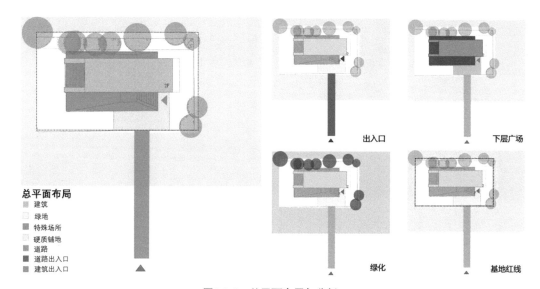

总平面布局
- 建筑
- 绿地
- 特殊场所
- 硬质铺地
- 道路
- 道路出入口
- 建筑出入口

出入口　　　下层广场

绿化　　　基地红线

图2.2.1　总平面布局与分析

（1）通过基地红线，明确用地的范围以及相关的边界条件。

（2）通过周边的道路等级区分，明确人流来的主导方向，确定基地出入口（车行与人行）。

（3）通过分析周边已有建筑，明确建筑的造型定位。

（4）通过对周边景观要素和相关边界条件的分析，明确建筑的布局范围等。

（5）通过基地红线内建筑、道路、绿化、广场、停车等不同区域的划分，明确基地红线内的场地设计（图 2.2.1）。

2.2.2 布局案例

1. 案例1

以位于中国上海的某独立式小住宅为例，基地周围环境是松散的田地、小河、高架路，成片斜顶的农民房，以及在河对岸大面积桃园。在基地分析图上用不同的颜色标出基地西面的水域和主要道路。两条主要道路呈十字相交，其中东西走向的水平道路是人流来

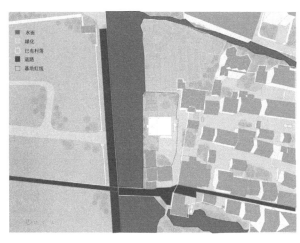

（a）基地分析

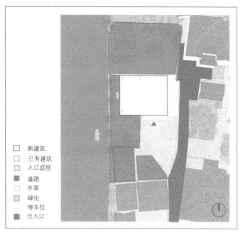

（b）总平面分析

图2.2.2　布局案例1

的主导方向，把北面的耕地和东面已有村落联系起来。在基地分析图的基础上对总平面布局进一步分析（图 2.2.2）。

（1）基地的西边是河流，东边是次一级道路，把基地和已有村落建筑区分出来。

（2）把建筑所占据的区域标识出来，需要注意的是除了新建筑，基地里面还有一处已有建筑。

（3）把绿化、停车场标识出来，新旧两个建筑通过入口的庭院空间整合在一起。

（4）把出入口标识出来，出入口通常有两个层次级别：从外部道路进入基地红线的出入口（车行入口、人行入口或者人车共用入口）和建筑的出入口（主次入口）。该案例从道路进入基地的出入口是人车混合出入口，另一个是建筑的主入口。有的都市型独立式小住宅因为用地相对紧张，基地红线可能紧邻外部主干道路，两个层级的出入口可能合二为一。

2. 案例 2

以位于中国长沙的某独立式小住宅为例，基地周边植被条件优良，有两处既有建筑，基地南侧为城市支路，也是人流的主导方向。基地分析后对总平面布局进行分析（图 2.2.3）。

（1）城市支路位于基地的南侧，基地的东、西两面是既有建筑。

（2）新建建筑的区域位于基地的北侧。

（3）基地的南向布置有绿化与庭

图2.2.3　布局案例2

院，停车场位于最北面。

（4）基地内设有一条内部道路连接城市支路，人车混行的出入口把人流、车流引进基地，建筑根据功能需要设有多个出入口。

3. 案例3

案例3是以学生作业为例，基地位于上海市郊，基地分析图从多个维度展示基地周边的环境要素：西侧水面与坡地，植被丰富；东侧为城市支路，基地的南向宽度较窄，但开阔无遮挡；西侧为最佳景观面。在对基地分析的基础上得到总平面图布局（图2.2.4）。

（1）基地东侧为城市支路，因此将独立式小住宅的人行出入口设置于基地东侧，建筑主入口同时设于建筑东面；人行次入口与车行入口设于建筑北面，并由一条基地内的北部道路与城市支路连接。

（2）结合基地形状特点，建筑布局相对集中。

（3）基地的西、南部，结合坡地地形与现状植被布局庭院与活动场地。室外停车位结合车行出入口布置。

（4）利用自由布局的人行步道将主入口与活动场地串联。

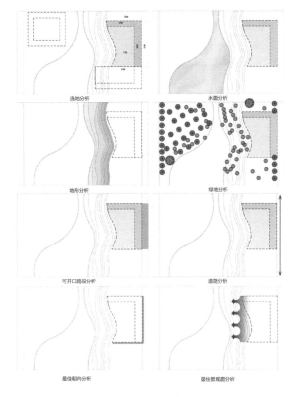

（a）基地分析

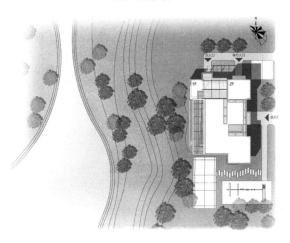

（b）总平面图

图2.2.4　布局案例3

2.3　业主定位

业主定位包括对业主的家庭结构、人口构成、职业定位、兴趣爱好，以及职业特定生活模式的分析。业主定位是独立式小住宅设计不可或缺的一步。设计让生活更美好，人作为建筑最终的服务对象，是建筑设计的核心。居住环境的设计必须符合人体生理和心理的双重需求。人的生活方式、心理反应、人与环境间的关系成为建筑设计的重要依据。

设计要坚持以人为本的设计理念。除了从环境限制、功能需要等理性条件出发，对业主的定位则是从语言和文字这些学生熟悉的表达方式切入设计构思。通过模拟有关居住空间场景的剧本，确定故事与主题，有关设计的讨论就有了依据和方向，让学生体会设计的人性化，培养由视觉思考转向对功能、环境、技术、经济、人文等要素的综合权衡（图2.2.5）。

图2.2.5　家庭结构、职业定位与兴趣爱好

单元任务

1.任务内容

（1）基地分析

（2）业主定位

（3）总平面布局

2.任务要求

（1）基地分析：

①选择任务书中三个基地其中一块，按照下述七个方面进行基地分析：

基本情况（基地尺寸、建筑控制线、用地红线、所处位置等）；道路现状分析；地形现状分析；植被现状分析；最优景观面分析；最佳朝向分析；可开口路段分析。

②要求用电脑绘制，图示语言抽象简练，图面表达色彩协调。

（2）业主定位：

家庭结构、人口构成；职业与爱好；要求用图示语言表达与关键词相结合。

（3）总平面布局构思：

①根据基地优劣分区，布置三大功能泡泡 - 公共空间（餐厅、客厅）、私密空间（主卧室、客卧室）、辅助空间（车库、服务空间）；布置主次入口、车行入口；场地布置（主庭院、停车位）；

②要求用透明纸、软铅笔进行概念草图绘制。

3.任务目标

（1）知识模块

①通过设计前期研究，对任务书进行深化研究，明确设计目标；

②列出基地内的自然和人文条件。

（2）技能模块

①要求学生对基地进行全面解读，引导学生对基地地形地貌、水文景观、周边交通状况等进行图示分析，并进行业主定位，以此进行设计方案构思；

②通过总平面布局概念草图，解决建筑与场地、建筑与基地周边环境关系等问题。

（3）思政模块

①"绿水青山就是金山银山"，发掘自然环境中一切可以利用的资源，作为设计的构思源泉。把可持续发展与生态文明建设的内容融入基地分析中；

②通过业主定位引导学生关注市民需求，体现人文关怀，始终秉持以人为本的设计理念。

第三单元　独立式小住宅单体设计

3.1　内部空间设计

设计是一个组织空间的过程。空间功能流线可以理解为功能对空间的一般规定。通常用泡泡图作为功能与流线分析的工具。泡泡图，就像一份图示化的任务书，用来布置设计要素之间的大致尺寸和相互关系，表示元素之间必要的联系。图中不同图例的泡泡代表不同的空间，泡泡之间不同图例的连线代表不同性质的流线（图 3.1.1）。

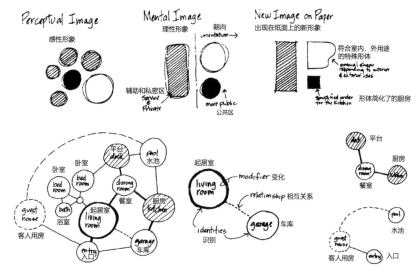

图3.1.1　泡泡图

3.1.1　平面设计

1. 主要功能空间构成

对建筑空间进行功能空间构成分析，可以确定空间的位置以及相互之间的联系。针对不同功能房间进行属性关系划分（公私、动静、洁污、干湿等），可以清楚地了解不同属性的空间构成关系（图 3.1.2）。

（1）公私分区

公私分区最能反映住宅空间功能圈、使用序列及私密程度。独立式小住宅从公私分区的角度，可分为公共空间、私密空间、交通空间和辅助 / 服务空间等几大功能空间，用

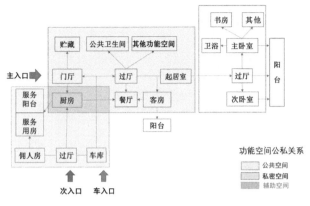

（a）公私关系

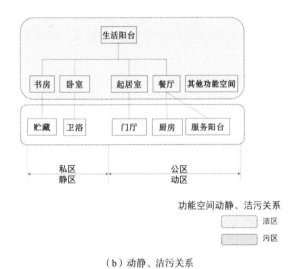

（b）动静、洁污关系

图3.1.2 独立式住宅功能关系示意图

以满足住户的各种功能使用要求。

①公共空间是居住者动态日常生活的空间，包括起居室、餐厅、书房、娱乐休闲室等。在公共空间中，起居空间如同住宅的心脏，公共性最强，空间气氛最活跃，与主入口有比较直接的联系。

②私密空间通常是指住宅的卧室区域，是居住者的休息场所，包括主卧室、儿童房、客卧室等。主卫和主卧室通常都归为私密空间，为主人专属的书房也和主卧室一起划分为私密空间。

③服务 / 辅助空间是住宅所需的服务设施，包括车库、厨房、卫生间、储藏室、洗衣房等。车库通常和洗衣间、工具间相邻。作为服务空间最重要的部分，厨房的布局要考虑厨房和餐厅有直接顺畅的联系。卫生间的布局有三种类型，分别供公共空间、私密空间、服务 / 辅助空间使用。主卧室和佣人房间通常有自己独立的卫生间。如前所述，专属主卧室的主卫、更衣间往往和主卧一起划分为私密空间。公共卫生间、佣人房和其附属的卫生间则归于服务 / 辅助空间。

④交通空间可分为水平交通、垂直交通、交通枢纽三种空间类型。走道是水平交通空间，是同一层各个功能空间之间最重要的联系空间。楼梯是垂直交通空间，是联系上下空间的重要元素。楼梯的位置和形状（单跑、双跑、旋转）极大地影响独立式住宅交通空间的组织效率，同时也决定二层以上空间的主要布局。门厅、过厅属于交通枢纽空间，是各个空间相联系的重要方式，通过门厅可以便捷地到达起居室和主要楼梯，并能通过走道到达服务空间。不同的交通空间类型把公共、私密、服务 / 辅助三类空间有机地整合在一起。

（2）动静分区

动静分区又称为昼夜分区。起居室、餐室、厨房、洗衣房等属于动区，一般在白天或部分在夜晚使用。卧室属于静区，主要在夜晚学习、工作休息使用，具体时间随着职业的不同而异。卧室空间需要安静，在单层独立式住宅中会设置于相对独立的区域。在多层独立式住宅中，卧室常设于二层，形成动静划分的立体空间。

（3）洁污分区

洁污分区也称为干湿分区。厨房、卫生间等集中布置用水的房间属于不洁区域，从洁污分区的角度来说，应尽量靠近，从公私分区的角度来说，又应适当分离。卫生间相对集中布置，便于干湿分区和管线集中，但有时距离卧室较远。卫生间分离布置利于功能分区和公私分区，但管线又不集中。所以卫生间的布局需要综合考虑上述各种因素。一般而言，有条件的主卧室应设独立的卫生间，并与更衣室直接相连。儿童房、客卧室可以分设卫生间，也可以私密空间共设一个卫生间。公共空间最好能设一个公共卫生间。如果有佣人房，通常也会设独立的小型卫生间。

2. 单一功能空间基本尺寸

单一功能空间具有长、宽、高三向维度，对应着房间的开间、进深与层高。住宅设计在进行建筑功能分区和平面布局时，首先按照任务要求把单一功能空间面积指标转换为房间的长、宽、高。对于大部分形状规整的单一空间，平面设计的首要任务就是根据不同的功能、家具布置和人体活动，确定建筑的开间与进深（图3.1.3）。

（1）交通空间

门厅、过厅、走道、楼梯属于交通空间。门厅、过厅需要一定的面积，允许来访者短暂停留，同时兼顾考虑包括脱衣、换鞋的空间及相应的家具布置。走道、楼梯的宽度则需要按照人流计算，每股人流宽度为0.6米（图3.1.4）。

（2）主要功能空间

住宅主要功能空间的尺寸，都是建立在人体尺度和家具尺寸的基础之上。通常单个房间的开间与进深比例大致是 2:3 的关系，比较适合常规家具的布置和人体活动。

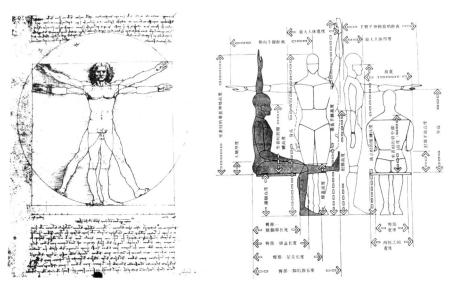

图3.1.3　人体尺度图

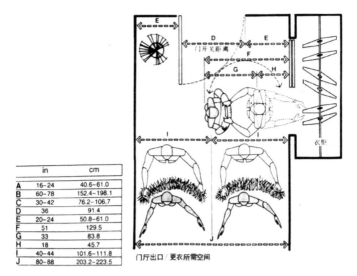

	in	cm
A	16–24	40.6–61.0
B	60–78	152.4–198.1
C	30–42	76.2–106.7
D	36	91.4
E	20–24	50.8–61.0
F	51	129.5
G	33	83.8
H	18	45.7
I	40–44	101.6–111.8
J	80–88	203.2–223.5

图3.1.4　门厅空间尺度

　　①起居室是公共空间中最为核心的功能空间，其大小根据是否独立设置或者和餐厅、厨房合并设置而定。起居室的开间一般至少在3.6—3.9m以上，进深和开间的长宽比大致在5∶4或者3∶2的范围内，比较适合家庭活动的开展。餐厅需要考虑用餐空间的大小，包括餐桌尺寸以及周围就座可以容纳的位置（图3.1.5）。起居室、餐厅等主要功能空间在满足基本功能的基础之上，如果还需要进一步考虑空间氛围的营造，空间尺寸可以进一步扩大。

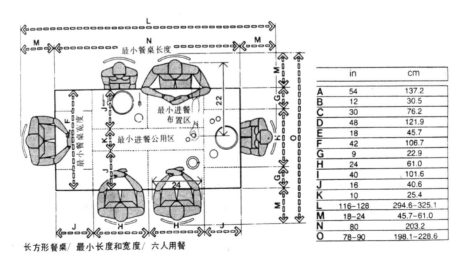

	in	cm
A	54	137.2
B	12	30.5
C	30	76.2
D	48	121.9
E	18	45.7
F	42	106.7
G	9	22.9
H	24	61.0
I	40	101.6
J	16	40.6
K	10	25.4
L	116–128	294.6–325.1
M	18–24	45.7–61.0
N	80	203.2
O	78–90	198.1–228.6

长方形餐桌／最小长度和宽度／六人用餐

图3.1.5　餐厅空间尺度

　　②卧室主要有主卧、次卧、佣人房。不同类型的卧室都需要考虑单人床或双人床、床头柜、衣柜等的摆放。主卧室适宜控制在15—20m²左右，次卧室不宜小于10m²，佣人房的布局相对紧凑，具体尺寸详见表3.1.1。

卧室设计　　　　　　　　　　　　　　　表 3.1.1

卧室类型		特点	面积	开间	进深
双人	基本型	可以基本满足双人床家具需求	10m² 左右	3m 以上	3.3m 以上
	舒适性	除了基本的床、床头柜、衣柜以外，还可以增加小型书桌或梳妆台，双人床也可以选择大一点的尺寸（1.5m、1.8m、2m），可以把电视放入。整个卧室空间相对舒适一些	15m² 左右	3.6m 以上	4.2m 以上
	分区型	床尾还可以增加脚踏，和原有的床、床头柜、衣柜形成静区，可以增设沙发、贵妃椅和梳妆台形成动区	20m² 以上	3.9m 以上	进深 5m 以上
单人	佣人房	可以放单人床、衣柜、小型书桌	5m² 左右	2.7m 以上	3.3m 以上

（3）服务 / 辅助空间

与主要功能空间相比，厨房和卫生间等服务空间的尺寸更能反映基本功能尺度。

① 作为服务空间的重要组成部分，厨房在平面布局上不仅要和餐厅直接联系，与起居空间也要联系紧密，有时还会与辅助入口、户外露台相连。佣人卧室一般设在厨房附近。厨房主要有清洗、做饭和储藏三个基本功能，需要把对应的水池、灶台和冰箱等设施布置合适。厨房开间有 1.8m、2.1m、2.4m、2.7m 等多种尺寸，厨房工作台一般也有一字形、L 形、U 形、平行等多种布置方式，详见表 3.1.2。受到西式餐饮方式的影响，现在越来越多的住宅，厨房和餐厅布置在一起。有的和起居室也是直接连在一起的，或者稍微错位布置，起到隔而不断的效果（图 3.1.6—图 3.1.8）。

厨房设计　　　　　　　　　　　　　　　表 3.1.2

类型	面积	要求	布局	净宽
经济型	4—5m²	厨房操作台总长不小于 2.1m，冰箱可入厨，也可以置于厨房近旁或餐厅内	一字形或者 L 形	不小于 1.5m
			U 形及平行	不小于 1.8m
适用型	5—7m²	厨房操作台总长不小于 2.4m，冰箱尽量入厨	一字形或者 L 形	不小于 1.8m
			U 形及平行	不小于 2.1m
舒适型	8—10m²	厨房操作台总长不小于 2.7m，冰箱入厨，并能放下小桌，形成 DK 式厨房	一字形或者 L 形	不小于 2.1m
			U 形及平行	不小于 2.4m

②卫生间需要合理安排洗、厕、浴的设施使用。一般而言，佣人使用的卫生间应尽量紧凑，主卧卫生间的设计可以相对宽敞，还需要考虑与衣帽间的相互关系。多层卫生间的位置尽可能上下对应，为上下水及冷热水管道的合理布置创造条件。在紧凑型卫生间布局基础之上，除了干湿分离，根据不同的定位和空间大小，卫生间还可以做到三式或者四式分离。三式分离的卫生间是将洗面台、马桶、浴室分别隔开，洗、厕、浴在同一个空间中做到分离。四式分离的卫生间则是洗、厕、浴、洗衣机相对独立，更方便使用（图 3.1.9—图 3.1.13）。

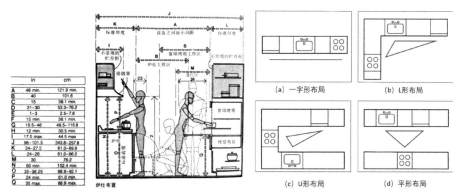

	in	cm
A	48 min.	121.9 min.
B	40	101.6
C	15	38.1 min.
D	21–30	53.3–76.2
E	1–3	2.5–7.6
F	15 min.	38.1 min.
G	19.5–46	49.5–116.8
H	12 min.	30.5 min.
I	17.5 max.	44.5 max
J	96–101.5	243.8–257.8
K	24–27.5	61.0–69.9
L	24–26	61.0–66.0
M	30	76.2
N	60 min.	152.4 min.
O	35–36.25	88.9–92.1
P	24 min.	61.0 min.
Q	35 max.	88.9 max.

图3.1.6　厨房空间尺度

（a）一字形布局　　（b）L形布局

（c）U形布局　　（d）平形布局

图3.1.7　厨房布局

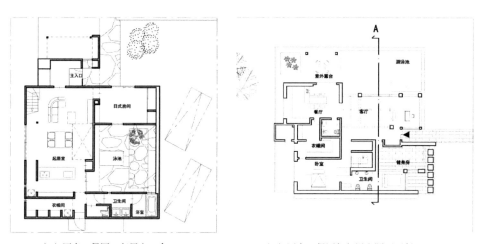

（a）厨房、餐厅、起居室三合一　　（b）厨房、餐厅与起居室隔而不断

图3.1.8　独立式住宅的餐厨与起居室

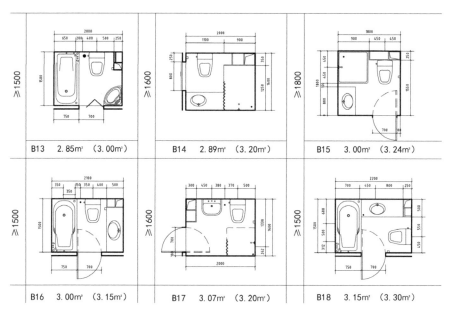

B13　2.85m²　（3.00m²）　　B14　2.89m²　（3.20m²）　　B15　3.00m²　（3.24m²）

B16　3.00m²　（3.15m²）　　B17　3.07m²　（3.20m²）　　B18　3.15m²　（3.30m²）

图3.1.9　卫生间布局与常用尺寸

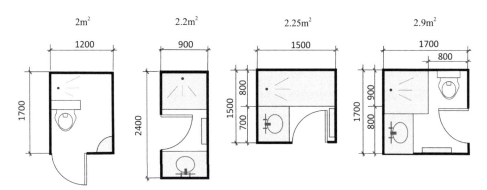

图3.1.10 佣人卫生间布局

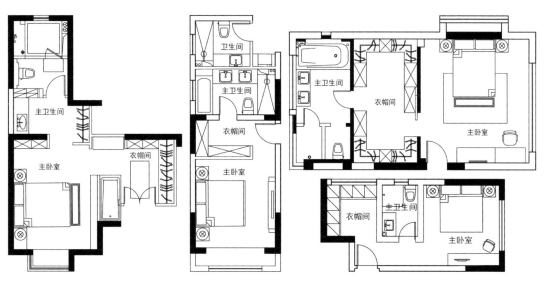

图3.1.11 主卧卫生间布局

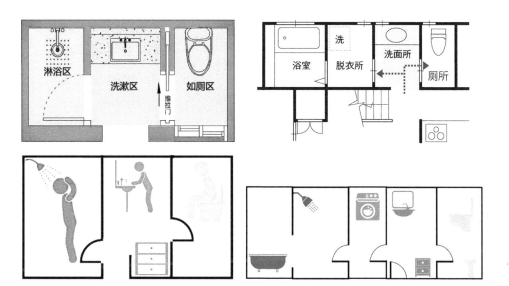

图3.1.12 三式分离卫生间的布局示意　　图3.1.13 四式分离卫生间的布局示意

3.1.2 平面组合

1. 流线组织

流线组织是建筑空间设计中的重要环节。流线组织决定各功能空间的组合与秩序，其合理性直接影响人们使用空间的有效性。空间流线好比一根线，在同一平面上连接起不同功能的空间，也在垂直向度上联系不同楼层的功能空间。对建筑内部空间进行流线分析，便于掌握各个功能房间的空间位置与相互关系。

独立式小住宅空间流线一般由主人流线、客人流线、家务/服务流线几种类型组成。通常主人、客人流线与家务/服务流线对应着建筑不同的出入口。车库与建筑主体结合在一起时，车流一般会有一个出入口直接通向建筑内部空间。家务/服务流线主要围绕服务空间，不宜与主、客流线干扰。日常的厨房、洗衣工作可通过功能空间布局区分开来，卫生打扫工作则可以利用时间错开主人流线（图3.1.14）。

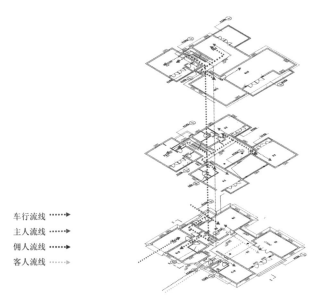

车行流线 ……▶
主人流线 ……▶
佣人流线 ……▶
客人流线 ……▶

图3.1.14 流线分析图

2. 平面类型

根据功能布局和流线组织的不同，独立式小住宅平面布局有一字形、L形、围合型、相对集中型几种类型，详见表3.1.3对布局形式、适用特点的概述以及案例的分析。

3. 平面案例

（1）一字形

位于墨西哥的独立式小住宅Suntro住宅是近郊一字形平面布局：整个建筑功能布局清晰，首层是公共娱乐区，餐厅和起居室相连。2层通高的起居室外面是游泳池。二层是卧室区域，几间卧室一字形排开，侧面是连接上下的楼梯。和近郊一字形相比，位于西班牙萨瓦德尔的都市类型独立式小住宅 127 住宅，由于地形狭窄，整个建筑设计策略还要考虑在有限的条状基地里创造更多的内部庭院，在保证空间流畅性的同时改善通风和采光。整个住宅建筑功能布局流畅，中部设有一个楼梯连通整个楼层。主卧室位于首层，主卧和书房之间有一个嵌入式小庭院把两部分区分开来。二层是客厅、餐厅、厨房等公共区域以及屋顶露台。三层是儿童房，卧室和楼梯中间宽敞的游戏区给整个楼层增添了无比活力（图 3.1.15）。

独立式小住宅的平面组织形式　　　　　　　　　　　　　　　　　　表 3.1.3

组合形式	细分类型	简图	方法概述	适用特点
一字形	近郊类型		住宅各个功能空间沿着一字形排开，通常公共空间和私密空间垂直分布	基地局限性较小，沿着一字形排开的建筑各个功能空间的采光、通风和景观都不错，不足之处是流线可能有些长
	都市类型		通常都需要设置内天井改善采光，还要考虑建筑沿街退界，以保证街景的连贯性	基地两边往往都是既有建筑，只有临街的一侧开放，受限较大
L 形			住宅功能空间分成两部分，其围合限定出的空间，通常用作庭院，也可以用作入口。主要使用功能空间往往占据较好地理位置，拥有更佳的视线景观或者朝向	基地范围相对宽松，L 形布局可以满足对公共与私密、主要使用空间与辅助空间等功能分区要求更高的需求
围合型	全包围		住宅不同功能空间围绕庭院进行布局：底层往往布置公共空间与服务空间，二层是私密空间	内向型庭院空间私密性更强，外部环境干扰较小
	半包围		住宅不同功能空间围绕庭院进行 U 形布局，U 形的尽端可以安排主入口	庭院空间开口往往面向特定景观
相对集中型			平面通常围绕垂直交通楼梯或者小中庭布局；道路边界与建筑物之间的缝隙、通向玄关的通道都可加以利用，打造成前庭、侧院和后院；还可通过露台、阁楼、局部空间挑空等途径创造丰富的空间感受	往往用于狭小、四面被围合的基地里，建筑的通风、采光、隐私都需要面临不小的挑战。特别是停车与入口空间的布置、楼梯井的采光等问题

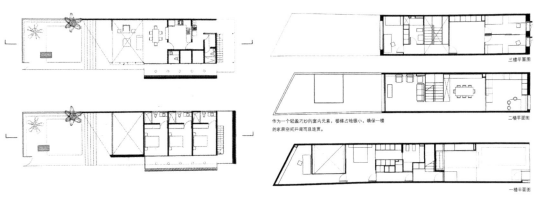

（a）墨西哥 Suntro 住宅　　　　　　　　（b）西班牙萨瓦德尔的 127 住宅

图3.1.15　一字形平面布局

（2）L形

墨西哥莫雷洛斯住宅（Los Amates House）是位于郊区的L形平面布局：整个住宅建筑功能布局清晰，主次入口分明。L形布局的一侧是公共娱乐区，布置有起居室、餐厅、厨房等房间，另外一侧是私密空间。私密空间这侧的首层是主卧室区，二层是客卧房和儿童卧室区域，侧面是连接上下的楼梯。2层通高的客厅面向花园开敞，让整个建筑很好地融入周围的环境中。另外一个同样位于郊区的L形平面布局案例芬兰赫尔辛基Q住宅：L形的两侧通过主入口自然分割成两个部分。一侧是家政用房和工作室，面向庭院就像正要起飞的翅膀。另一侧的底层是餐厅、厨房、起居室，二层是卧室区域，从卧室区域可以看到迷人的峡谷景色（图 3.1.16）。

（3）围合型

独立式小住宅围合型平面布局可分为全包围和半包围两种类型。墨西哥郊区的蒙特雷市郊BC住宅，是一个全包围平面布局案例。它有一个类似U形的庭院空间：底层一侧是客厅等公共区域，另外一侧是厨房、佣人房、洗衣房等服务区域。公共区域的上层是卧室私密区域。U形的尽端是主入口，开口端设有一个玻璃的餐厅，在联系两侧的同时把庭院也围合起来。

首层平面图

1. 入口
2. 服务入口
3. 门厅
4. 起居室
5. 餐厅
6. 厨房
7. 洗衣房
8. 主卧室
9. 儿童房
10. 游泳池

二层平面图

（a）墨西哥 Los Amates 住宅　　　　（b）芬兰赫尔辛基 Q 住宅

图3.1.16　L形平面布局

　　位于美国特拉华州切萨皮克海湾的 Lujian 海景住宅，是一个半包围平面布局案例。设计师力求将海湾景观和私密花园相结合，使房屋既能拥有隐私性又能融入大自然。整个建筑设计成两个不同高度的简单体量，通过中间一个花园保证住宅隐私，东部面向庭院的客厅、餐厅等公共空间设置长度约 6m、可以滑动的玻璃墙，加强室内外的联系，同时给人以居住在花园里的错觉（图 3.1.17）。

　　（4）相对集中型

　　位于印度艾哈迈达巴德的绿色住宅是相对集中型平面布局：楼梯位于整个建筑空间的中部。建筑底层为起居室、餐厅、家庭生活区等公共空间和服务空间，二楼以主卧室、客卧室等私密空间为主，还有一个音乐、绘画用的工作空间。设计师在设计中坚持可持续发展的设计理念，通过技术和建筑特征的结合，发挥建筑空间和功能的最佳优势。

（a）墨西哥蒙特雷布市郊 BC 住宅

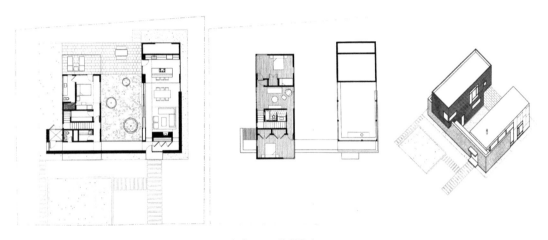

（b）Lujian 海景住宅

图3.1.17 围合型平面布局

位于中国上海浦东大团镇的大团别墅是相对集中型平面布局的另外一个案例。建筑外观相对规则和内向，住宅的功能需求几乎撑满 3 层体量。底层安排有客厅、餐厅、厨房等公共空间和服务空间，还有一间老人卧室。二层和三层都是卧室为主的私密空间。同样围绕着位于建筑中部的垂直交通进行平面布局，不同的是运用两个楼梯进行转化：一层至二层是一个笔直的单跑楼梯，连接 2 层通高公共空间，二层的另一端是子女房间和客房。二层至三层是一个三折楼梯，通向三层的主卧室及两个不同高度的露台，能眺望到周围全景（图 3.1.18）。

3.1.3 内部空间

1. 空间形状

建筑空间是一个三维形态，不同的空间形状（长、宽、高的比例）会形成不同的空间感受。二维平面如何转换成三维的空间与体量，平面设计在遵循功能需求完成后，需要进行层高设计。不少设计参考书中指出空间高宽比大于 2，将产生神圣的空间感受；高宽比在 2 与 1 之间，会形成亲切的空间感受；而高宽比小于 1 会产生压抑感。住宅空间

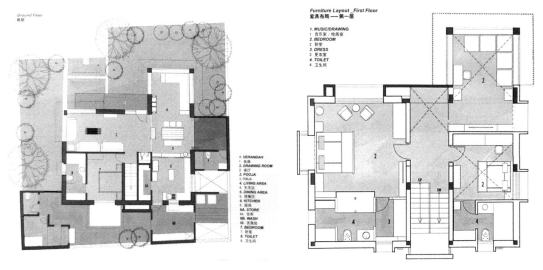

（a）艾哈迈达巴德绿色住宅

（b）上海浦东大团别墅

图3.1.18　相对集中型平面布局

的开间、进深、层高在符合家具与人体尺寸的同时，也要符合建筑模数制。[1] 独立式小住宅空间层高通常不会很高，以营造温馨的家的氛围。卧室、起居室（厅）的室内净高不应低于 2.40m，局部净高不应低于 2.10m，局部净高的面积不应大于室内使用面积的 1/3。利用坡屋顶内空间作卧室、起居室（厅）时，其 1/2 使用面积的室内净高不应低于 2.10m。

特殊空间是指在住宅局部空间中发生的细微变化，如下沉或错层的空间、2 层通高的起居空间、坡屋顶下的阁楼空间、楼梯下的储藏空间等（图 3.1.19）。错层是其中比较复杂的一种，指建筑内部不按照垂直分割成几个楼层，而是几个部分彼此相差一定高度，从而使室内空间灵活而富于变化。错层布局中楼梯往往是空间组织的关键，楼梯的布局和楼梯跑的方向很重要。错层可分错几级踏步、错半层、按照基地坡度错层等几种类型（图 3.1.20）。

---

1. 建筑模数制是为建筑物、建筑构件、建筑制品以及有关设备的尺寸之间相互协调而选定的标准尺度系列。统一模数制，是为了实现设计的标准化，使不同的建筑物及各个分部之间的尺寸统一协调，使之具有通用性和互换性，以加快设计速度，提高施工效率，降低造价。

（1）错几级是指在原有空间中营造出一个下沉或凸起的空间，以示区别；

（2）错半层是指利用楼梯的休息平台连接着高度相差半层的两个不同空间；

（3）按照基地坡度错层，是指平面中各个空间依照基地坡度逐渐向上展开，单跑楼梯沿着垂直等高线的方向向上，梯跑长度根据坡度长度不一，不同的休息平台通向不同功能空间。

（a）通高的客厅　　　　　　　（b）采光屋顶　　　　　　　（c）阁楼与楼梯下的空间

图3.1.19　独立式住宅的特殊空间

（a）错几级空间

（b）错半层空间

图3.1.20　独立式住宅的错层空间

2. 空间效果

由平面与层高决定的空间形状，是影响住宅空间效果的主导因素。除此之外，居住空间效果还受到界面的材质、肌理、色彩、不同开口等因素的影响。如图 3.1.19 所示独立式住宅空间的斜屋顶，开窗或不开窗、开窗的方式、玻璃的透明程度，都会导致不一样的空间感受。住宅空间界面的色彩、材质影响着人们对空间的整体感受：同样是起居室空间，木地板地面、木制家具和大理石地面、铝合金吊顶给人的感觉不一样。通常浅色房间比深色房间显得空间更大些，地面颜色比屋顶颜色深，显得房间高些。界面开口多显得空间更加通透，特别是界面之间交接的地方引入阳光，弱化空间的边界感觉，也会给空间增添一定的虚无感。实际上，人们对空间的感受是综合以上各种因素，再加上光线设计、家具布置等的全面反应（图 3.1.21）。

（a）暖色基调室内空间

（b）冷色基调室内空间

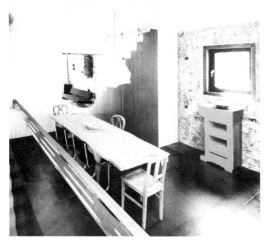

（c）深色室内空间

（d）浅色室内空间

图3.1.21　不同住宅空间效果

说到色彩和光线在住宅空间的应用，不得不提墨西哥建筑大师路易斯·巴拉甘（Luis Barragán）。他善于运用各种色彩浓烈鲜艳的墙体。这不仅成为其设计中鲜明的个人特色，

（a）墨西哥市塔古巴雅区巴拉甘住宅，1948 年

（b）墨西哥市查普特佩克区吉拉迪住宅，1977 年

图3.1.22　巴拉甘的住宅作品

也成为墨西哥建筑的重要设计元素。巴拉甘的住宅作品中光与色彩的运用堪称经典，他将自然中的阳光与空气带进人们的视线与生活当中，与色彩浓烈的墙体交错在一起，使两者的混合产生奇异的效果（图 3.1.22）。

3. 空间序列

空间序列是指人在空间中的运行轨迹。它不是一个单独的空间，而是一个系列的空间运动。设计者把自己假想为住宅的使用者，按照空间使用的过程，从外至内、从公共至私密空间等一系列模拟运动，穿梭行进于住宅空间。空间序列强调的是空间与空间之间的关系。空间序列设计特别注重空间过渡转换中的氛围营造：能够综合运用对比、重复、再现、引导等手法，给使用者以丰富变化的空间感受。需要注意的是，由于空间序列是多个空间在使用过程中依据时间顺序逐一展开，所以空间序列设计在三维空间中实际上拓展了四维的时间概念。

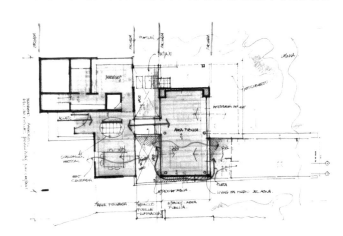

（a）平面草图

对独立式住宅而言，起居室、庭院、屋顶花园往往都是空间序列设计的终点和高潮，门厅、过厅、走道、楼梯等交通空间则是空间序列设计的重点，也是空间氛围营造和转换的关键。假设我们作为图 3.1.23 中黑住宅（the Black House）的使用者，沿着空间使用的路径，从外至内进入：主入口是从室外进入室内的第一个空间，通过主入口楼梯引导能够顺畅地穿过水面的玻璃走廊到达起居室。整个建筑空间序列设计清晰合理。门厅—楼梯—玻璃走廊—起居室这一空间序列中，空间氛围从相对封闭的主入口经过主楼梯、走廊逐渐走向开放。走廊虽然狭窄但是通过两侧的落地玻璃可以看见水面，引导着步

（b）主入口楼梯　　　　　（c）玻璃走廊

（d）从走廊看起居室

图3.1.23　空间序列——入口、门厅、起居室

入尽端开阔的起居室（图 3.1.23）。主楼梯同时也是空间转换的节点，无论从主入口还是从靠近服务空间又相对隐蔽的次入口进入，都可以引导人流转向二层空间。

在许多经典独立式住宅作品的空间中，楼梯和坡道都是重要的空间转换节点元素。著名的萨伏伊别墅中的坡道，就如同别墅的脊骨和枢轴，把所有垂直向的空间组织起来。尽管没有列入勒·柯布西耶的"新建筑五点"，坡道在柯氏住宅作品空间序列和空间体验中实际上占据着重要位置。这条坡道由底层架空柱而起逐步上升，创造出一种与爬楼梯完全不同的感受。楼梯将一层与另一层之间割开，而坡道却把它们联系在一起。从别墅

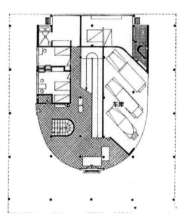

图3.1.24　空间序列——楼梯与坡道

图3.1.25　空间序列节点——楼梯

入口开始，漫步通过底层空间，再从花园攀上通往顶层的坡道，直到屋顶的日光浴室。通过步行清晰地体验到建筑的整个空间布局（图 3.1.24）。和坡道一样，楼梯是联系上下层空间的枢纽，但是不同于坡道给人连续空间的体验感觉，楼梯显得快速和跳跃。为了减少上下层空间的割裂感，现代独立式住宅的楼梯在位置和造型上都非常重要，它不仅是空间序列转换的关键所在，更是室内外空间的点睛之笔（图 3.1.25）。

　　4. 空间组合

　　独立式小住宅的空间组合通常有大空间、空间排比、自由空间组合等几种类型。

　　（1）大空间

　　大空间是指以一个大空间为主体，往往是客厅、起居室等公共空间，四周围绕着其他空间的组合形式。前面单元提到的意大利圆厅别墅，就是典型大空间例子：

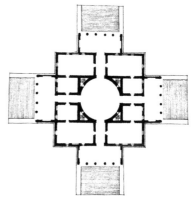

图3.1.26　大空间案例——圆厅别墅

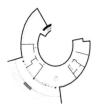

（a）Meindersma 别墅

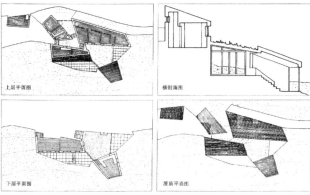

（b）Dominic Stevens 别墅

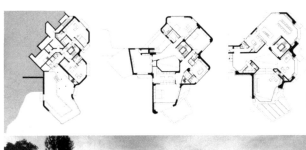

（c）Dupli.Casa 别墅

图3.1.27　独特空间组合案例

正方形平面布局采用对称手法，正中为一圆形大厅，四面都有门廊（图3.1.26）。

（2）空间排比

空间排比是指许多相同性质的空间排列开来，比如卧室这类私密空间，由线形交通空间走道相连。许多一字形和 L 形独立式小住宅平面布局的案例就是按照空间排比进行组合或者简单变化而来。

（3）自由空间组合

自由空间组合是指不同类型的空间组合，可以产生错综复杂的相互关系。有些独立式住宅的空间组合比较独特，单个空间的平面与层高设计并不完全遵循方方正正的思路。在满足空间人体基本尺度的基础之上，其独特的空间设计带来非常绝妙的建筑造型和空间体验。如 Meindersma 别墅平面呈没有完形的椭圆状，在营造内部连续弧形庭院的同时，建筑造型非常有标识性。Dupli.Casa 别墅的几何造型利用复制与旋转的设计概念，曲线流动的空间造型也非常奇特。位于爱尔兰利特里姆的 Dominic Stevens 别墅，建筑师把各个类型的空间开辟出单独的区域，并通过中间流动区域相连，使得这组建筑在整个风景中看起来和当地传统住宅类似，又不失特色（图3.1.27）。

3.2 造型设计

3.2.1 造型原则

住宅造型与建筑功能、建筑材料、结构技术、施工方法有着密切关系。建筑造型设计要综合考虑设计的科学性、经济性，以及工业化的施工方法、新材料与新工艺的运用、新结构的研究等多个方面因素。建筑造型和建筑风格、建筑思潮、建筑流派也相关联。20世纪最有影响的建筑先驱者们，他们的理论最初大多也是体现在住宅建筑类型上的。作为建筑设计在内容和外貌方面所反映的特征，具有某种建筑风格的建筑平面设计和空间组织会有一些特定的模式。对于初学设计的人来说，学习这些建筑风格、样式和特征能为造型设计提供一些思路和帮助。但本书对于住宅造型的论述不从特定风格的角度分析，而是更多地从建筑构图、构成手法、形式美学法则的角度进行探讨。

多样统一原则是建筑形式美的基本原则，也是所有建筑类型造型的基本原则。统一中求变化，变化中求统一，包含两层意思：其一是相对于杂乱无章而言追求整体秩序，以简单的几何形状求得统一，利用次要部位对主要部位的从属关系求得统一，利用细部和形状的协调求得统一，利用色彩和材质求得统一。其二是相对于单调而言追求变化。无论是整体还是局部，单体还是群体，内部空间还是外部形体，为了破除单调而求得变化，都离不开对比与微差手法的运用，利用差异性求得建筑形式的丰富多变。恰当地把握多样统一原则的上述两个方面，住宅造型可以更加丰富而有秩序。

3.2.2 造型方法

1.体量组合

体量是内部空间的反映，内部空间的差异性不可避免地要反映在建筑外部体量上。无论多么复杂的建筑形体，从构成的角度都可以看作基本几何形体的有机组合——由不同大小、数量和形状的体块组成较为复杂的形体关系。体量组合要达到完整统一，不仅需要建立一种秩序感，使平面布局具有良好的条理性和秩序感，更需要把握好各体量之间的相互关系，根据构图规律，对建筑各个部分进行合理组合，使之成为有组织、有秩序、有规律的完整统一体。

（1）主从关系

主从关系是体量关系中重要的视觉特性。传统住宅建筑体量往往喜好强化中央部分以突出主体，比如圆厅别墅对称体量组合中的主体重点和中心都位于中轴线上，牢牢控制住四个面的附属空间。在不对称体量组合的当代独立式小住宅中，主从关系按照不对称均衡的原则，重心可能偏向一侧。

建筑体量除了在位置上的主从关系，还可以通过形体的对比与差异性来体现。方正的体量与曲面围合的体量具有明显不同的性格特征，在体量组合中巧妙运用两者的对比，可以丰富建筑体量组合变化。还有一些如客厅、餐厅、门厅等室内空间，与其他空间相比，在层高和形状上容易形成特殊效果，也经常用来丰富建筑体量关系。

（2）连接关系

无论是对称还是不对称的体量组合，都要处理好连接关系。通常体块连接处理方式有三种：硬交接、软交接和穿插交接（表3.2.1和图3.2.1）。

体块连接形式 表 3.2.1

类型	简图	特点
硬交接		两部分直接碰撞，连接紧密，整体性强
软交接		通过第三方过渡衔接，连接自然，可以保证被连接体各自完整的建筑造型
穿插交接		两部分体块穿插交接，强调主从整体关系的同时也能保证各自部分的相对独立

（a）硬交接 　　　　　　（b）软交接 　　　　　　（c）穿插交接

图3.2.1 体量连接方式

2. 虚实结合

所谓"虚"，一般是指建筑的悬挑、门廊和走廊、立面的门窗洞口等部位，给人不同程度的空透、开敞、轻盈的感觉。"实"则是墙面、屋面、栏板等实体部分，给人以不同程度的封闭、厚重、坚实的感觉。虚实结合要特别注意墙面和开窗的组织。墙面开窗方式受内部空间划分、层高变化以及梁板柱结构体系的制约，同时也受房间功能使用的影响。墙面开窗方式还要注重与整体墙面的比例，以正确显示建筑物的应有尺度感。造型的虚实结合通常有以下两种做法（表3.2.2）。

住宅的虚实结合通常和凹凸关系一起考虑，有助于加强建筑物的体积感，形成强烈的对比效果。建筑的凹凸大都出于功能使用或者结构和构造上的需要。住宅的凹凸通常有加法和减法两种形式：加法通过不同体块进行叠加形成；减法通过体块消减形成。建筑体量通过凹凸、虚实的巧妙处理，可以丰富建筑轮廓，加强光影变化，组织节奏韵律，突出重点，增加装饰趣味。特别对于都市类型的独立式小住宅，由于基地条件限制，内部空间虽有巧妙变化，但是体量组合可能不会有太多变化，虚实与凹凸关系的巧妙处理显得尤为重要（图 3.2.2）。

造型的虚实关系　　　　　　　　　　　　　　　　　　　　表 3.2.2

特点	简图
以虚或以实为主，搭配虚实对比达到重点突出的效果	以实为主 以虚为主
通过虚实交错布置，按一定的规律连续重复的虚实布置，造成某种节奏和韵律效果	实虚结合

（a）加法——体块叠加　　　　　　　　　（b）减法——体块削减

图3.2.2　造型中的凸凹关系

3. 细部处理

在住宅造型中，形、色、质是视觉与心理影响效果最直接的因素。"形"是住宅空间与体量的组合,"色"和"质"则涉及住宅建筑材料的材质、肌理效果以及细部构造等做法。住宅细部处理是装饰的需要,也是结构或构造节点合乎逻辑的结果。细部处理要符合住宅整体性格和气氛的要求,运用各种线条、装饰、材质、色彩等手段,合理设计细部会对建筑整体形象的塑造起到推波助澜的作用。

细部处理主要体现在立面设计和节点设计上。以立面设计为例,住宅立面由门窗、墙柱、阳台、遮阳板、雨篷、檐口、勒脚、花饰等许多构件组成。立面设计就是恰当地确定这些构件的尺寸大小、比例关系以及材质色彩,通过形的变换、面的虚实对比、线的方向变化等,求得住宅空间内外的协调统一。通过立面设计统筹考虑住宅各部分的体量和总的比例关系,同时也要考虑几个立面之间的统一、相邻立面之间的协调。通过调整各个立面上的墙面处理和门窗安排,满足建筑立面形式美的原则。节点设计则需要仔细考虑住宅构造的局部,包括入口台阶、雨篷、门窗洞口、栏杆扶手、建筑装饰等部位的构造做法,不同材料通过构造节点的精心设计完美并置(图3.2.3)。

图3.2.3 细部设计

3.2.3 造型重点

独立式小住宅的屋顶、主入口、客厅、主要楼梯、阳台、外部廊架、入口、转角等部位,是建筑造型的重点,也是建筑构图视线停留的中心。通常需要运用一定的建筑造型手法,对这些部位进行比较细致的艺术加工,以构成趣味中心。

1. 屋顶

屋顶是丰富住宅外轮廓线的重要手法。追求自然主义风格和古典主义风格的独立式小住宅都非常喜欢采用平、坡屋顶相结合的形式。传统坡屋顶与木材、瓦、茅草、石材等建筑材料搭配起来质朴而温馨。随着当代技术的发展，住宅结构和材料有了更多样化的选择，比如金属、钢筋混凝土结构的坡屋顶。有时候，这些新颖屋顶的部分延续下来并与建筑整体造型融合在一起，更具现代感与时代气息（图 3.2.4）。

（a）木屋顶

（b）瓦屋顶

（c）茅草屋顶

（d）钢筋混凝土挑檐屋顶

（e）铝合金屋顶

（f）金属屋面

图3.2.4　独立式住宅重点部位造型——屋顶

2. 楼梯、阳台、外部廊架

独立式小住宅的阳台、露台、外廊、楼梯等构件，是室内空间在水平方向和垂直方向上的延伸和渗透，在室内外空间设计中占有重要的位置。与建筑主体空间和体量相比，这些构件部位也对住宅造型起着点睛之笔的作用。从点、线、面、体块的构成角度来看，这些构件是住宅空间尺度多样化和建筑个性产生的基础，也是虚实、凹凸关系的重要构成要素（图 3.2.5）。

3. 建筑入口

建筑入口和楼梯一样，在住宅空间和造型上都起着重要作用。楼梯是联系住宅上下层空间的枢纽，入口是联系住宅室内外空间的枢纽，两者都是完成空间序列转换的关键所在。不同的是楼梯在室内空间转换中需要减少空间的割裂感，而建筑入口需要让室内外空间过渡得更加自然顺畅，不要太过生硬。建筑入口在住宅造型上属于虚的定位，具体处理通常有以下几种做法：增加入口构件、二层体块出挑、退让形成出入口空间、与车库形成共同入口等（图 3.2.6）。

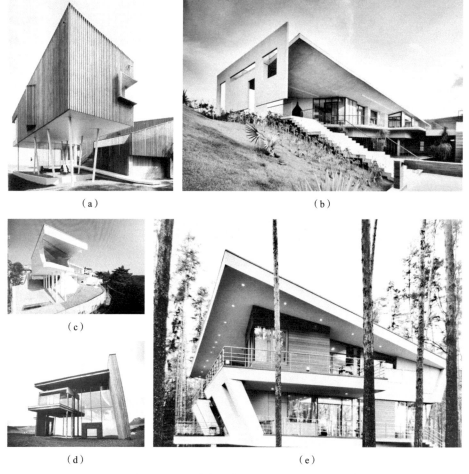

（a）　　　　　　　　　　　（b）

（c）

（d）　　　　　　　　　　　（e）

图3.2.5　独立式住宅重点部位造型——楼梯、阳台、外廊架构

（a）增加入口构件

（b）二层体块出挑

（c）退让形成出入口空间　　　　　　　　　　　　（d）与车库形成共同出入口

图3.2.6　独立式住宅重点部位造型——入口

3.3　外部空间（景观）设计

　　独立式小住宅基地相对紧凑，不仅要考虑住宅主体设计，还要考虑建筑外围的空间设计。外部空间设计要充分考虑基地周围已建成环境，对用地整体进行综合规划设计，根据场地情况，选择性安排基地入口空间（引道、大门、停车场）、建筑入口空间、主庭院空间、侧院空间、后院空间等几个部分。通常外部空间功能划分中，基地入口空间面向道路的部分需综合考虑停车区与建筑入口空间的位置；主庭院空间考虑基地的自然条件；侧院空间考虑连接前后院的作用，后院位置相对隐蔽，但出入方便等（图3.3.1和图3.3.2）。

　　独立式小住宅的外部空间设计必然要从单一功能向复合功能转变，才能在有限的空间里

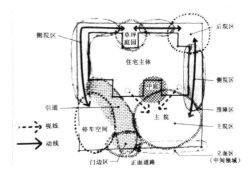

图3.3.1　独立式小住宅外部空间区划图

拓展新的生活方式，要积极引入自然，将生活环境变得更加舒适宜人，同时又不失个性化特征，为社区或者所处地段的区域环境做出更多贡献。

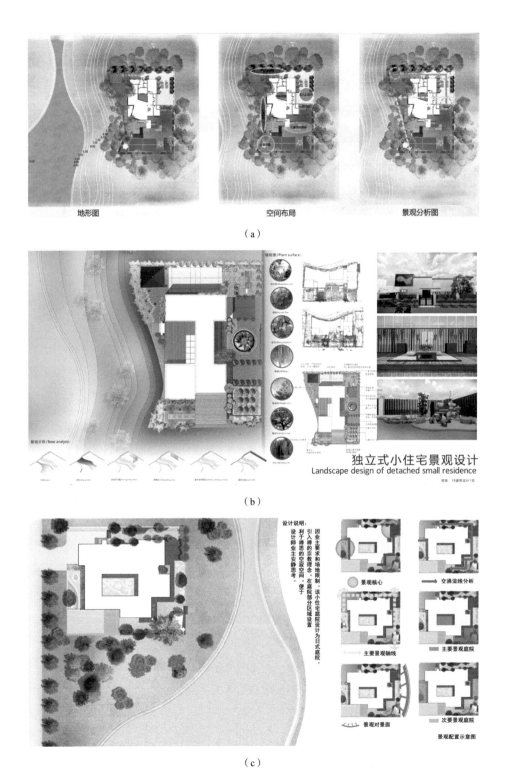

图3.3.2　独立式小住宅学生作业——外部空间设计

3.3.1　基地入口空间

1. 大门空间设计

独立式小住宅大门周围的环境处理是给人的第一印象，也就是常说的"门是家的脸面"。大门空间设计既要体现住宅的整体风格，兼顾与邻里交往的便利，同时也要考虑安全和防范的设计。大门空间一般分为封闭、开放、介于两者之间的半开放三种类型，具体形态取决于业主的偏好、生活方式和基地周围环境。大门空间设计一般都后退街道一定距离，在确保安全的同时采用花坛、壁泉、景墙等景观设计元素增强入口的标识性及美观性。大门空间构成要素：围墙的高度与材质、门扇的材质、邮箱、灯具等装饰构件，都是影响入口空间效果的因素（表 3.3.1）。

不同的大门空间形态　　　　　　　　　　　　表 3.3.1

类型	特点	简图	实景
封闭	利用围墙、大门、格栅等将面向道路的一侧围起来的形态		
开放	不用围墙、大门、格栅等封堵，完全自由出入的开放布局		
半开放	介于封闭和开放形态之间，其重点在于适度的封堵和开放的平衡		

2. 引道空间设计

引道空间是指从户外道路至建筑入口的通道。除了美观、愉悦的考虑，作为每天家庭成员进出的场所，引道设计的重点还应放在步行的安全性、与社区街道空间的协调性等方面。引道有直线形、直角曲线形、曲线形、斜曲线形和斜线形五种基本形态。设计时应注意以下几个方面内容（图 3.3.3）：

（1）在纵深不足够理想的情况下，引道空间的设计应设法避免道路进出口与入口位置正对，通过引道的景观设计缓冲社区街道空间与建筑入口的衔接，同时从场地环境的

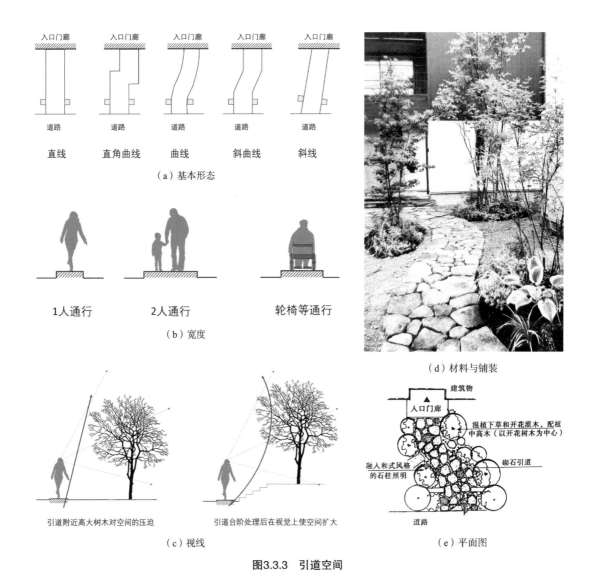

（a）基本形态

（b）宽度

引道附近高大树木对空间的压迫　　引道台阶处理后在视觉上使空间扩大

（c）视线

（d）材料与铺装

（e）平面图

图3.3.3　引道空间

变化上强调了入口空间的位置和重要性。

（2）引道的宽度要符合人体工程学原理。一般单人行走，引道宽度不小于0.6m，双人通行不小于1.2m，在这个基础之上，根据入口空间纵深度，结合雨天、夜间、携带东西或者推行自行车等实际情况确定最后宽度。

（3）引道的材质以安全性为主，以营造业主需要的景观气氛为辅，不能采用过滑材质，路线设计要易于行走，通过地面拼花及不同材质的对比增强引道特征。

（4）引道要与建筑物和周边环境相协调，引道使用的材料和铺装设计都应该以建筑物、大门、围墙的材料和装饰为基调。

（5）引道空间应该注意绿化种植的层次和时节性，除了避免影响到入口空间的开阔程度，还要确保访客行走其中的视线关系，避免"正在被窥视"的不安与不快心境产生。

3. 停车空间设计

车辆进车库的方式、转弯半径、道路宽度不仅关系到车库的位置，还有可能影响到住宅外的空间布局。停车空间要考虑出入库的便捷性和安全性，平面布局要注意以下几点：

（1）和建筑物的出入口联系密切；

（2）方便搬运采购的物品；

（3）注意与引道、主庭院、后院的联系；

（4）有时候可以和引道进行一体化的地面设计，以扩大视野。

不同位置的停车空间，对从道路上看到的建筑物造型会产生一定的影响。独立式小住宅的停车空间设计可分为三种布局类型：分离式、结合式、相连式，如表 3.3.2 所示。

不同的停车空间布局　　　　　　表 3.3.2

类型	特点	简图	案例平面	案例实景
分离式	停车空间与建筑主体分开，单独设置或者和部分辅助空间设在一起，与主体建筑共同形成入口空间广场	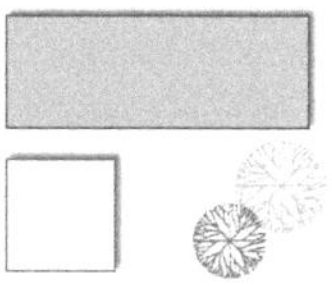	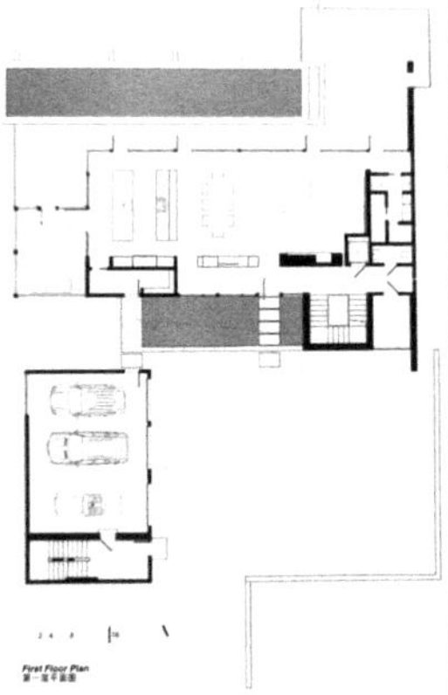	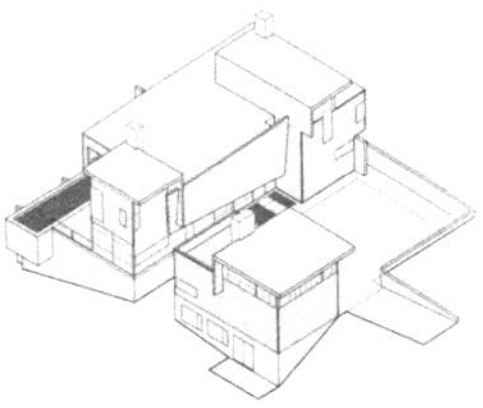
结合式（一）	与建筑主体结合在一起设计，把停车空间当作建筑地上或者地下的内部空间处理	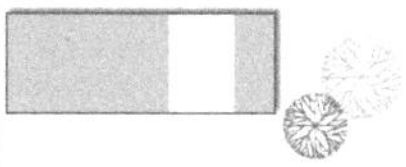	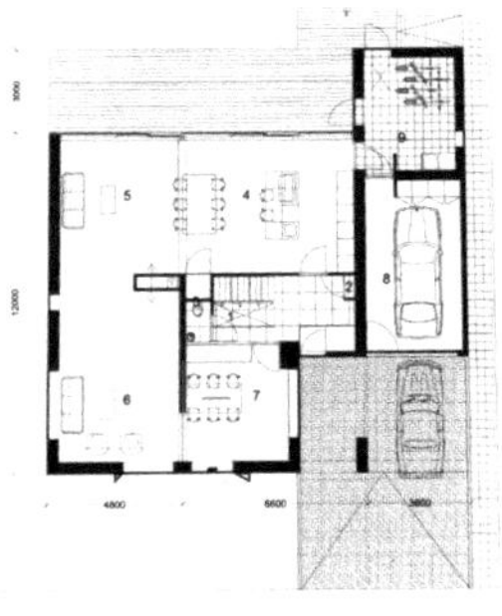	 建筑地下空间建筑地上空间 

类型	特点	简图	案例平面	案例实景
结合式（二）	都市型小住宅紧凑型基地面宽受限，停车空间往往需要和建筑入口一体化考虑，形成人行与车行的共同入口			
相连式	用连廊、雨篷或者其他构件把停车空间和建筑入口连接起来，作为主体建筑造型的构成部分			

3.3.2 建筑入口空间

建筑入口不仅是建筑造型的重要部分，也是室内外空间衔接的关键。从基地入口空间到建筑，最先进入的就是建筑入口空间。根据基地与建筑的关系、建筑对待周围环境的态度以及设计理念等不同，通常有两种类型的建筑入口空间设计。

1. 相对宽松、开放的建筑入口空间设计

正如前面章节提到的，相对宽松的建筑入口空间，建筑入口造型通常采用后退一定距离形成玄关的空间感觉的设计手法，或者打造一个门廊，利用体块出挑、外廊构架等方式形成一个入口灰空间，既挡风遮雨又改善独立式小住宅的外观。相对宽松、开放的建筑入口空间设计容易被忽略的是踏步部分的处理，通常的做法是与庭院一体化，成为室内延伸的个性化建筑外部空间（图 3.3.4）。

图3.3.4　相对开阔的建筑入口空间处理

图3.3.5　相对紧凑、封闭的建筑入口空间处理

2. 相对紧凑、封闭的建筑入口空间设计

许多位于都市临街的独立式小住宅入口空间设计，由于街道界面狭窄、退界等原因，建筑入口空间设计施展的余地相对小，或者是对待周围环境的态度以及设计理念等不同，采用相对封闭的建筑入口空间设计（图 3.3.5）。

3.3.3　庭院空间

庭院空间可以分为主次两种类型：在通常情况下，主庭院位于建筑物的南侧，面对起居室或者主卧室，是主要景观、室外活动的场所；次庭院根据位置又可分为侧院或者后院空间，主要是服务功能。庭院对于独立式小住宅设计来说，不仅是重要的景观空间，更是使用者追求理想生活的态度。

文中提到的住吉长屋，其设计上非常重要和独特的一点，就是它的院子设计。在这个狭长的基地里（约 4m×14m），封闭的建筑长方体被均分为三段，中庭由于空间狭小，不能栽树种草，设计师在日本传统居住模式之上，提出将"阳光"、"空气"、"风雨"的四季变化引入生活空间，这样的一种生活理念在住吉长屋庭院设计中可能比较极端，但是对于独立式小住宅来说，庭院空间弥足珍贵，不论设计空间如何特别，也要用心设计。图中所示的南侧庭院铺设栈桥，一直延伸到住宅的地方，通过栈桥这一元素设计手法打造建筑外部交通流线空间，木栈道连廊又是日式园林设计手法的一个典型元素特征。庭院的角落堆砌的草坪山丘是日式枯山水园林景观设计的抽象表达。在栈桥元素的基础上又增强日式庭院风格。但是庭院中又留有一部分"无设计空间"，根据"无即是有"的设计理念，在狭小的庭院中这片无设计空间更是弥足珍贵，可以根据居住使用者的需求来满足不同室外活动场地的功能，灵活变换场地使用性质，使大人和小孩都可以享受到开放而舒适的外部空间（图 3.3.6）。

图3.3.6　独立式小住宅庭院

1. 主庭院空间设计

（1）确定主题，考虑营造什么主题的主庭院，日式风格、中式风格还是西式风格，自然型的还是工整型的，主题确定对庭院空间形态的营造非常重要。

（2）构筑空间，庭院中有各种功能使用需求，根据功能要求对主庭院空间进行区域划分。

（3）动线设计，充分考虑从室内通往主庭院空间的动线设计。动线不仅是行走的路线，也是引导视线的途径。动线设计涉及视点位置、视线方向和视线停留时间等方面，做到一步一景、移步换景的观赏效果，利用视觉的连续性将不同空间区域衔接起来。

（4）景观建构，注意景观的层次性，区分主景和背景，利用植被、水体、小品或者雕塑，运用借景、对景、框景、添景等设计手法打造视觉焦点。

（5）注重建筑物与主庭院空间的节点空间打造，比如建筑物的灰空间，出挑的台阶、露台、片墙、檐下空间等，都可以把自然空间与建筑人造空间自然衔接起来，营造以小见大、虚实相应的艺术效果（图3.3.7）。

2.侧院、后院空间设计

侧院空间主要起到前院、后院连接的功能。作为一个通道空间，要有明确的导向性，可以从地面铺装材质和图案的统一到植物序列式种植以及景观墙的连续性，营造各种业主喜欢的氛围，如曲径通幽、雍容华贵等。

后院空间属于私密空间，根据后院尺度设计后院功能及景观，一般分为狭窄型和开阔型两种。狭窄型的空间一般作为家务院，用来设置晾晒台、物品存放处和仓库（收纳清扫用具、运动器具、园艺用品和自行车工具等）、工作台、清洗台、非机动车停放处、

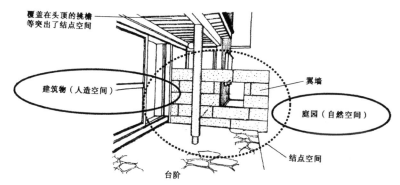

图3.3.7　庭院的节点空间

存放垃圾、宠物角等。该空间的设计重点是在保证一定通行宽度（至少1.2m）的基础之上，设法形成多用途空间，通过营造宽敞、明亮、方便的特点改变狭窄阴暗不便的空间感觉。开阔型的空间一般为近郊类型独立式小住宅庭院，以为业主室外会客及家人活动需求为主要功能。这类独立式住宅后院需要精细化设计，以硬地铺装及草坪花卉配比为设计基础，留有室外会客厅及餐饮区域，根据业主的要求适当地设计小面积的游泳池、运动区域、休息区域，根据不同区域的功能和总体景观设计的风格配以植物设计及景观小品，营造艺术效果。

3. 露台空间设计

对位于都市临街的独立式小住宅来说，由于基地紧凑，可能房屋和周围建筑之间几乎没有太多空隙，设计师除了尽可能抠出内部庭院以外，还会想方设法地创造一些露台空间——所谓的空中花园。比如位于日本东京目黑区的高长宅，考虑到场地的限制，设计师用一个有棚的镶有木地板的露台代替前院、后院。露台与室内空间衔接流畅，也为住户提供了一个独立的室外空间（图3.3.8）。

（a）瑞典兰斯克鲁纳联排住房　　　　　　　　（b）日本东京目黑区高长宅

图3.3.8　独立式小住宅的露台空间

巧妙运用露台空间，可以让整个住宅空间变得生动有趣。位于日本冈崎的万宝龙住宅，就是多个屋顶露台的极致案例。设计师为这个半室外的空间加了一个白色尖顶屋顶，从一层一直延伸到三层，坡顶上精心安排角度的几个开口，不仅巧妙地避开了周围建筑，而且提供了充分的光照和美景。这样的单体小建筑中，露台景观设计尤其要注意荷载问题。应将亭、廊、花坛、水池、假山等重量较大的景点设计在承重或跨度小的位置上，同时尽量选择人造土、泥灰土、腐殖土等轻型材料，在满足承重的基础上，还要尽量减少水景的营造，即使已经做了水景节点，也要充分做好防水处理，满足二级防水要求，减少对建筑本体的损伤（图3.3.9）。

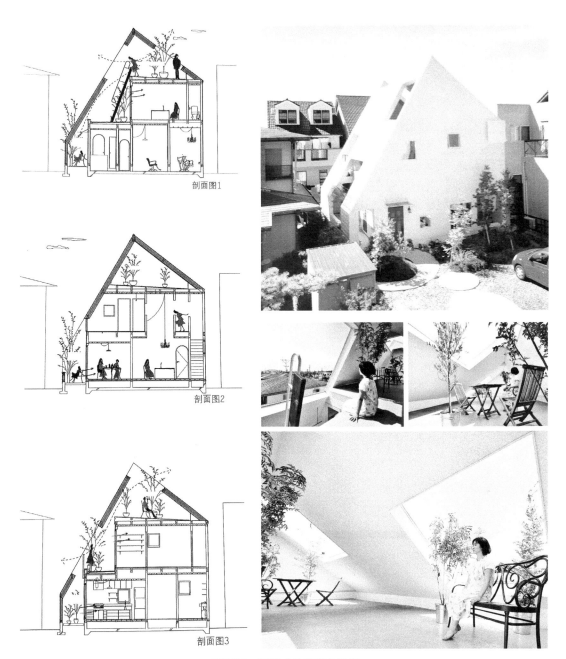

剖面图1

剖面图2

剖面图3

图3.3.9 万宝龙住宅露台空间

单元任务

1. 任务内容

（1）平面设计；（2）体块设计；（3）主要立面设计；（4）景观设计

2. 任务要求

（1）平面设计：

①细化功能气泡图；

②A3拷贝纸绘制首层平面图，铅笔单线、尺规或手绘；

③电脑绘制各层平面图，注意绘制轴线。

（2）体块设计：

反映出大的实虚关系，采用SU建模或工作模型。

（3）主要立面设计：

A3拷贝纸，铅笔单线、尺规或手绘。

（4）景观设计：

A3拷贝纸，在总平面图基础之上进行手绘。

3. 任务目标

（1）知识模块

①掌握独立式小住宅内部空间常见尺寸；

②初步掌握独立式小住宅造型基本原则；

③初步掌握独立式小住宅外部空间设计方法。

（2）技能模块

①通过对资料、案例的收集，对相关规范的学习，综合思考，多方案比较设计可行性，进行方案深化设计；

②注重设计思维的过程表达训练。借助气泡图的绘制进行功能分区与流线组织，帮助学生理解建筑设计构思。指导学生在气泡图之后以手绘的方式进行总平面图布局设计，并在此基础上不断深化，进行方案推演，最后进入CAD（或BIM）绘图阶段，进一步修改并规范化表达；

③注重从二维到三维的设计推敲训练：一方面以草图为媒介进行操作，倾向二维设计；一方面强化以工作模型（体块模型、结构模型）为载体，贯穿设计全过程。利用SU模型研究建筑体块与环境之间的关系，加强环境对建筑空间、形式生成之间的关联性，考虑对材料、材质、建造方式与所形成空间的关系及其细部的处理。

（3）思政模块

①设计可谓一个痛并快乐的过程，也是一个需要综合解决各方制约因素的过程，甚至可能面临推翻重来；培养学生刻苦钻研、不轻易放弃、勇于克服困难的学习精神；

②在学生方案交流汇报中增加一个自诉环节，彼此分享在设计过程中的经验教训。二维码（独立式小住宅设计——课程思政案例视频1：刻苦钻研　永不言弃）。

第四单元　独立式小住宅设计表达与深化

4.1　独立式小住宅设计表达与深化的相关知识

住宅需要通过设计，合理安排住宅内部各使用功能和空间；需要考虑住宅与周围环境如场地、道路、朝向、景观等关系；需要考虑住宅建筑外观和内部空间的艺术造型、细部构造；需要与结构、水、电、空调等技术工种协调，选择适当的技术手段达到使用要求，最终使其满足适用、经济、美观的要求。

住宅建筑设计的成果是其施工建造的依据。

4.1.1　建筑设计分工

一个完整的建筑设计项目是由具备相关资质的建筑设计院、建筑设计事务所进行的，是一项对建筑物进行综合计划的技术活动，所以又称为工程设计。

建筑工程设计通常由多专业的工程师共同参与：建筑师从事建筑设计，结构工程师从事建筑结构设计，设备工程师从事建筑设备设计，建筑造价工程师从事建筑的概预算和成本控制等（图4.1.1）。

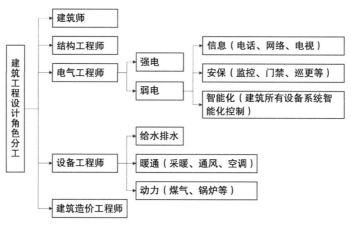

图4.1.1　建筑工程设计的角色分工

建筑师的具体工作有以下几部分：

1.收集分析设计依据

收集分析设计依据包括任务要求（使用功能、规模和定位）、基地环境（区域位置、地形地貌、气候气象、地质水文、地震情况）、规范和建设标准、技术指标（城市规划要求和业主的要求）。

2. 外部空间环境设计

外部空间环境设计包括总体关系（与周边环境和既有建筑的协调）、总平面布局设计、道路交通流线设计、场地环境设计（广场、绿化、景观设计）、建筑外部体型造型设计。

3. 内部空间环境设计

内部空间环境设计包括空间大小设计（按使用功能和人数）、空间分隔和联系设计（功能分区，避免干扰）、视觉环境设计（实体造型、质感、色彩）、日照通风设计、交通流线安全疏散设计等。

4. 空间构成及围护设计

空间构成及围护设计包括结构选型设计、保温、隔热、节能设计、隔声减噪设计、防潮防水设计、材料做法设计、建筑安全设计等。

4.1.2　建筑设计全过程

民用建筑工程设计一般分为方案设计、初步设计和施工图设计三个阶段。方案设计阶段主要解决设计概念、功能需求和造型的问题。主要任务是提出设计方案，即根据设计任务书的要求和收集到的必要基础资料，结合基地环境，综合考虑技术经济条件和建筑艺术的要求，对建筑总体布置、空间组合进行可能与合理的安排，提出两个或多个方案供建设单位选择。初步设计阶段则要求表现出建筑中各部分、各使用空间的关系和基本功能要求的解决方案，包括建筑中水平交通和垂直交通的安排、建筑外形和内部空间处理的意图、建筑和周围环境的主要关系，以及结构形式的选择和主要技术问题的初步考虑。施工图设计阶段的主要任务是满足施工要求，即在初步设计或技术设计的基础上，综合建筑、结构、设备各工种，相互交底、核实核对，深入了解材料供应、施工技术、设备等条件，把满足工程施工的各项具体要求反映在图纸中，做到整套图纸齐全统一，明确无误。对于技术要求简单的民用建筑工程，经有关主管部门同意，并且合同中有不做初步设计的约定，可在方案审批后直接进入施工图设计。下面具体了解一下设计不同阶段的具体要求。

1. 方案设计

建筑方案设计是依据设计任务书编制的文件，由设计说明书、设计图纸、投资估算、透视图四部分组成。一些大型或重要的建筑，还根据工程的需要加做建筑模型。建筑方案设计必须贯彻国家及地方有关工程建设的政策和法规，应符合国家现行的建筑工程建设标准、设计规范和制图标准以及确定投资的有关指标、定额和费用标准规定。

建筑方案设计的内容和深度应符合有关规定的要求。建筑方案设计一般包括总平面、建筑、结构、给水排水、电气、采暖通风及空调等专业，除总平面、建筑专业需绘制图纸之外，其他专业以设计说明简述设计内容，包括绿色设计专项说明。建筑方案设计可以由业主直接委托有资格的设计单位，也可以采用公开竞选和邀请竞选两种方式。

2. 初步设计

建筑方案中标并批复后，除技术相对简单的民用建筑工程外，通常要进行初步设计。初步设计文件要满足政府主管部门（城市规划管理局、国有土地管理局、城乡建设管理局以及消防、环保、卫生、交通、绿化等相关管理部门）审批；市政配套部门（电、水、煤气、电信、网络、电视、邮电、环卫等部门）审查；特殊的、大型设备采购和控制工程造价等要求。通过这个设计阶段，基本上确定了各个专业的设计方案，从而可以相互配合，以满足下一步编制施工图的需要（图 4.1.2）。

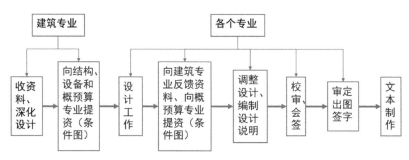

图4.1.2　各个专业配合示意图

3. 施工图设计

在施工图设计阶段，建筑专业设计图纸内容应按照首页（设计说明、工程做法、门窗表）、基本图（平、立、剖面）和详图三大部类编排目录。图幅在 A2—A0 之间。为了方便查阅图纸，排列在施工图纸最前面的是图纸目录。如果把施工图文件装订成册，通常还会有一张封面。图纸封面包括项目名称、设计单位名称、项目设计编号、设计阶段、相关负责人、设计日期（设计文件交付日期）等几项。总平面定位图或简单的总平面图可编入建施图与总施图自行编号出图，不得将建施图与总施图混编在一份目录中。

施工图设计说明的主要内容有：建设工程概况、建筑设计依据、所选用的标准图集的代号、建筑装修、构造的要求、设计对施工做法及质量的要求等。工程做法表是对建筑各部位装饰装修的构造做法加以详细说明，通常采用表格的形式。门窗表是对建筑物上所有不同类型的门窗统计后列成的表格，以备施工、预算需要（图 4.1.3—图 4.1.6）。

4.2　独立式小住宅方案设计表达

独立式小住宅方案设计表达，一般要求以文本或展板的形式表达。无论采用哪种形式表达，通常有下面三个基本要求：

1. 对于一套图纸而言，无论选择横向或者纵向排版，图幅大小与方向要统一，并且有统一设计的标题名称、图纸序号，各级标题的字体样式和字符大小也要统一。

图4.1.3 图纸封面 图4.1.4 图纸目录

图4.1.5 图纸目录设计说明与工程做法

部位 名称	楼地面	踢脚板	墙裙	内墙面	顶棚	备注
门厅						
走廊						

类别	设计 编号	洞口尺寸 （mm）		樘数	采用标准图 集及标号		备注
		宽	高		图集 代号	编号	

图4.1.6 图纸目录门窗表

2. 一套图纸的排版设计要有清晰明确的思路，一般应符合由远及近、由外而内、从整体到局部的叙事逻辑，把设计从基地分析到设计构思、设计概念到设计方案的完整过程表达清楚。

3. 图纸版式应清晰明了，大、中、小图以及相关文字搭配得当，色彩协调（图 4.2.1）。

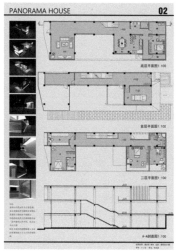

图4.2.1 独立式小住宅设计方案学生作业

4.2.1 排版设计方法

排版设计，也称为版式设计，是现代设计艺术的重要组成部分，是视觉传达的重要手段。作为建筑设计成果表达的输出方式，它是一种编排的学问，要求设计人员能根据自己的设计理念和视觉需求，在预定的有限版面内，运用造型要素和形式原则，将图纸和文字进行有组织、有目的的组合排列。好的排版设计能够实现技术与艺术的高度统一，是现代设计者，当然包括建筑设计师，所必备的基本功之一。

1. 排版版式

排版的重点和难点在于，我们不是根据已经设计好的模板版面填充内容，而是需要根据具体的内容布局版面。一个建筑设计作品的成果表达往往会涉及多个版面，各个版面中的图片数量不一样，辅助说明的文字量也各不相同，由于构成元素的不同，采用统一的构图、版式、形式通常是行不通的。下面列举一些常见的排版版式，作为参考。

（1）骨骼型

骨骼型排版是一种规范而理性的分割方法。常见的骨骼有竖向通栏、双栏、三栏和四栏等，一般以竖向分栏为多。这种类型的排版在图片和文字的编排上严格按照骨骼比例进行编排配置，给人以严谨、和谐、理性的美。当然，骨骼也可经过一些变形处理，可略有突破，互相混合，这样能既理性有条理，又活泼且有弹性。这种类型的排版往往适用于概念分析与场地分析类的图纸表达（图4.2.2）。

（2）满版型

满版型排版以图片充满整个版面，主要以图像为表达的载体，视觉传达直观而强烈，给人大方、舒展的感觉。文字配置通常为标题和设计说明，压置在图片的顶部或者底部。

这一类型的版面，主图的选择至关重要。主图通常为效果图、表达设计整体的轴测图、鸟瞰图等。版面要有呼吸感，主图就必须有适当的放空、留白（图4.2.3）。

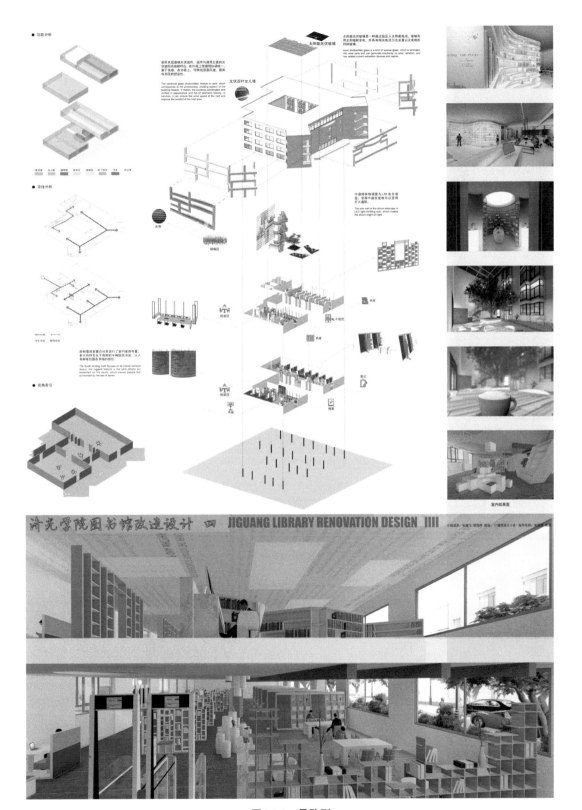

图4.2.2　骨骼型

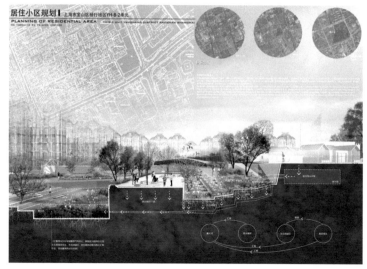

图4.2.3 满版型

（3）上下分割型

上下分割型的排版将版面分成上下两个部分，在上半部或下半部配置图片，另一部分则以图文并茂的形式进行表达。图片部分感性而有活力，文字则理性而静止，两者相辅相成。

图片的选择可以是横向的效果图、剖透视图、剖面图等，这是从整体反映方案或者讲述空间概念最好的排布方式（图4.2.4）。

（4）左右分割型

左右分割型排版将整个版面分割为左右两部分，分别配置文字和图片。如果左右两部分形成强弱对比，可能会造成视觉心理的不平衡，这往往是视觉习惯（人们往往习惯于左右对称）造成的问题，不如上下分割型的视觉流程自然。可以尝试将分割线虚化处理，或用文字左右重复穿插，左右图与文字将会变得较为和谐自然（图4.2.5）。

2. 排版逻辑

掌握了排版技术，还需要找准思路，排版的"叙事性逻辑"尤其重要。在排版之时，虽然项目已经创作完成，但如果不了解设计概念和创作主题，往往不容易抓住一条整体逻辑思路而将排版一以贯之。

在排版时，必须明确项目展示目的，并坚持以设计结果为导向的展示策略。整个设计项目的叙事逻辑关系其实就像是在讲述一个故事，讲述整个设计流程的故事。在排版中，我们需要用以图像为主的方式描述"起因"、"经过"和"结果"。起因，即设计的原因，这就是在场地调研与案例研究阶段设计师做了哪些调研？发现了哪些问题？以便确定设计方向。经过，即设计的过程，在发现问题之后得出设计理念，导出设计方案。结果，即设计的最终呈现，将方案进行视觉化的呈现，包括总平面图、平面图、立面图、剖面图等技术性图纸，模型效果图、局部场景透视图、各类分析图等（图4.2.6）。

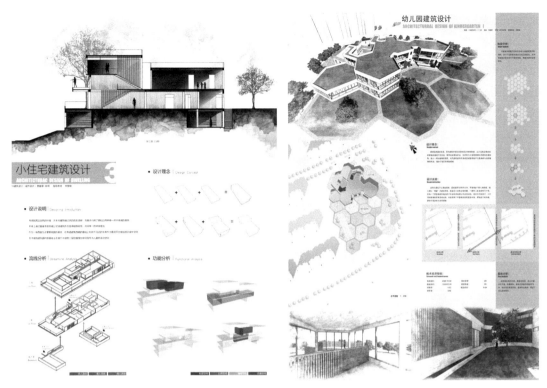

图4.2.4　上下分割型　　　　　　　　　　　图4.2.5　左右分割型

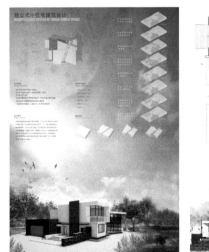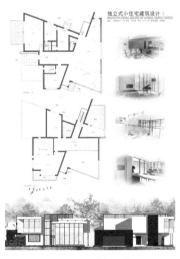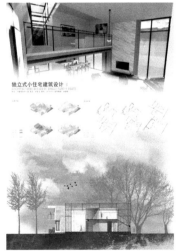

图4.2.6　排版逻辑

4.2.2　方案设计的图纸表达

一般而言，一套完整的建筑方案图纸包括建筑表现图、二维技术性图纸、经济技术指标、分析图与设计说明四个部分。

建筑表现图有轴测图、透视图、剖透视图、实体模型照片等多种表现形式。建筑表现图通常占用比较大的版面展示建筑设计的特色，给人以强烈的视觉冲击，在排版上属于大图，没有严格的比例要求，主要根据版面效果需要。

二维技术性图纸包括总平面图、平立剖面图、构造详图等类型，在排版上属于中图，在版面的大小取决于具体的比例要求。二维技术性图纸的数量和比例决定了整套图纸的数量。独立式小住宅的二维技术性图纸一般有规定的比例要求：通常总平面图为1∶300—1∶500，平、立、剖图纸为1∶100—1∶200。

经济技术指标包括基地面积、总建筑面积、首层建筑面积、容积率、建筑密度、绿化率等。分析图和文字说明是最能反映建筑图示语言特点的部分，后面章节有详细介绍。经济技术指标和分析图、文字说明在排版上都属于小图，字体与版面大小都是根据排版需要而定的。

1. 建筑表现图

建筑表现图可以是一张主效果图纸，也可以是几张效果图拼成一张在位置和图幅大小上占绝对优势，通常占据图面1/3—1/2。作为建筑外观、建筑设计理念的最直接表达，建筑表现图通常和总平面图、反映设计理念的文字说明或分析图一起，放在一套图纸的首页。

独立式小住宅一般都是设计专业学生上手的第一个建筑类型，功能不算复杂，规模也不大，我们对住宅建筑表现图的要求重点放在建筑形体与空间关系、建筑重点部位细部的处理、与场地关系等方面。建筑表现图首先要创建模型，用SU软件建模时，必须关注细部处理和建筑外立面材质。然后，选择合适的角度导出图像，可结合Vray、Escape、Lumion、Twinmotion等软件调配材质、设置灯光、渲染出图。最后，收集相关素材，利用PS软件进行后期处理（图4.2.7）。

图4.2.7　建筑表现图

2. 总平面图表达

总平面图反映的是建筑总体布局以及建筑与环境的关系。总平面图的表达需要注意三个方面内容：第一是基地的原有环境，包括湖面、坡地、道路、基地红线、指北针或风玫瑰、原有保留建筑、比例等；第二是新建的建筑物，包括建筑层数、阴影关系、屋顶关系等；第三是场地布置（新建建筑物与基地红线之间），包括主次入口、道路（车行、人行、小径）布置、场地（硬质铺地、绿化）等（图4.2.8）。

总平面图的渲染步骤如下：

（1）用 CAD 完成建筑、道路、绿地、硬质铺地、植被等的绘制，绘制过程中必须分好图层，建立良好的图层管理习惯；

（2）为不同图层设置不同的线宽，导入 PS，做好渲染前的准备工作，一般而言建筑外轮廓线型较粗，道路、场地边界的线型为中粗，植被和场地纹理等的线型最细；

（3）将 SU 中的带阴影顶视图输出为图片，插入总平面图中调整比例大小；

（4）选择合适的素材在 PS 中进行彩色渲染。注意色彩搭配，统一调整色调；

（5）设置建筑、水系与植物阴影，标注路名，标注重要建筑、构筑物与广场名称，导入指北针、比例尺以及规划红线。

建筑的渲染方法

1. 导入建筑轮廓线框
2. 导入SU带阴影的屋顶平面图
3. 拖放至合适位置并缩放

道路的渲染方法

1. 导入道路红线与缘石线
2. 新建道路色块图层
3. 在色块图层填充适当颜色（连续的、对所有图层取样）

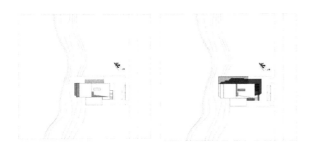

景观的渲染方法

1. 导入景观轮廓线
2. 分别新建植物、广场与绿地色块图层
3. 在广场与绿地的色块图层填充适当颜色（连续的、对所有图层取样）
4. 植物的渲染方法与建筑相同

综合表达

1. 设置建筑、水系与植物阴影
2. 标注路名
3. 标注重要建筑、构筑物与广场名称
4. 导入指北针、比例尺、路名、规划红线
5. 统一调整色调

总平面图1：300

图4.2.8　独立式小住宅方案设计学生作业——总平面图范例

3. 平面图表达

建筑平面图包括底层平面图、标准层平面图、顶层平面图、屋顶平面图等。建筑各层平面图实质上是剖切后的正投影图，反映了建筑的平面形状、房间的名称、位置、大小、相互关系、墙体的位置、厚度、材料、柱的截面形状与尺寸大小，门窗的位置及类型。平面图的线型要粗细分明：被剖切到的墙、柱等轮廓线用粗实线表示；未被切到的部分如室外台阶、散水、楼梯以及尺寸线等用细实线表示；门的开启线用细实线表示；比例为 1∶100—1∶200 的平面图，可画简化的材料图例。

方案阶段的建筑平面图可以标注两道尺寸（包括建筑外包总长度和轴线尺寸），也可以用比例尺表示。方案设计阶段的建筑平面图表达以素色渲染为基调：CAD 关掉轴线和尺寸标注层，设置好线型（至少粗、中、细三种），按照比例导入 PS 进行素色处理，具体步骤和图示表达内容如下（图 4.2.9）：

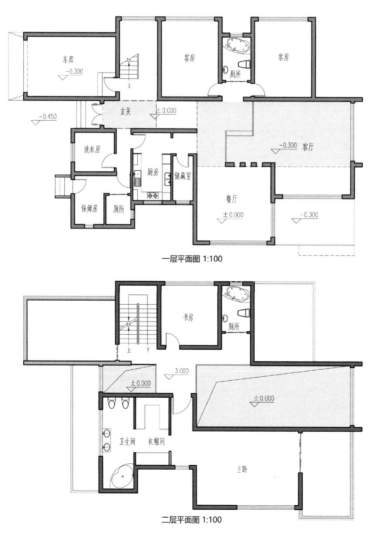

一层平面图 1∶100

二层平面图 1∶100

图4.2.9　独立式小住宅方案设计学生作业——平面图范例

（1）注意平面图的线型表达（墙体用双黑粗线，墙身用深灰色填充）；

（2）卫生间和厨房必须进行布置，其余房间可以布置家具，也可以用文字标注名称；

（3）建筑平面图需标注标高。首层平面图标注室内外楼地面的标高，一般室内外高差 2 到 3 级踏步；首层平面图还须标注出剖切符号（阿拉伯数字 1-1、2-2，或者 I - I、II - II 等）和指北针；

（4）注意屋顶露台、室内挑空以及上层出挑构件的表达。室内挑空、室外平台或露台等特殊空间可以进行填色以示区别；

（5）注意楼梯首层、中间层、顶层的平面表达，特别是楼梯的剖切符号、上下行箭头方向和文字的标注；

（6）其他包括图纸名称与比例。

屋顶平面图是从建筑物上方向下所做的平面投影，主要是表明建筑物屋顶上的布置情况和屋顶排水方式。屋顶平面图上一般应表示出：女儿墙、檐沟、屋面坡度、分水线与雨水口、变形缝、楼梯间、水箱间、天窗、上人孔、消防梯及其他构筑物、索引符号等。

4. 立面图表达

在建筑立面图的表达中，一般而言，建筑物四个方向的立面均应表示。相对简单的建筑造型也可只表示出两个方向的主要立面。有内庭院的建筑还应绘制内庭立面，有时候立面图也可结合剖面图一起表示。方案阶段的立面图名称有如下两种方式：其一是用东、南、西、北的朝向命名；其二是按建筑外貌特征命名：正立面图、背立面图、左立面图和右立面图。

方案阶段的建筑立面图必须做到线型粗细分明：立面图的外形轮廓用粗实线表示；室外地坪线用加粗实线（线宽为粗实线的 1.4 倍左右）表示；门窗洞口、檐口、阳台、雨篷、台阶等用中实线表示；其余的如墙面分隔线、门窗格子、雨水管以及引出线等均用细实线表示。立面图可以标注竖向的两道尺寸（从室外地面到屋顶女儿墙的建筑总高和各楼层标高）。通常方案阶段的建筑立面图为了排版美观，可以不直接采用 CAD 图，而是通过 SU 建模和 PS 处理。由 SU 模型的立面视图加阴影后，以最大精度导出 Jpg 图片；再用 PS 对导出的立面图进行材质调整与细化，并添加上植物和人等配景。必须注意的是，立面图的比例以 PS 里面的平面图为参照，进行缩放和调整（图 4.2.10）。

立面图图纸处理步骤如下：

（1）由 CAD 按照比例导入立面图的轮廓线框，导入 SU 带阴影的立面图，拖放至合适位置并缩放；

（2）注意地面的表达（地坪层用加粗的线条和素土夯实的肌理表达）；

（3）注意立面建筑材质的表达，虚实关系要区分表达；

（4）标高符号与配景的表达；

（5）其他包括图纸名称与比例。

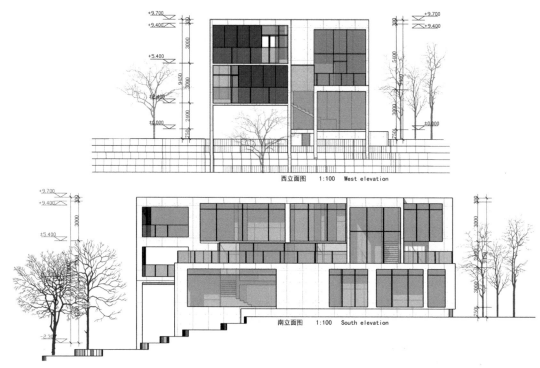

图4.2.10 独立式小住宅方案设计学生作业——立面图范例

5. 剖面图表达

剖面图和立面图的画法有相似之处，需要做到线形粗细分明：室内外地坪线用加粗实线表示。剖面图的比例应与平面图、立面图的比例一致。在剖面图中一般不画材料图例符号，被剖切平面剖切到的墙、梁、板等轮廓线用粗实线表示，没有被剖切到但可见的部分用细实线表示，剖切到的钢筋混凝土梁、板用涂黑。剖面图表达要注意屋顶的排水方式（女儿墙还是挑檐），室内外高差关系的表达，梁、楼板和墙的正确表达。

方案阶段的建筑剖面图也可以通过 SU 建模后进行剖切，然后渲染处理。由 SU 剖面图导出高精度的 Jpg 图片，结合 CAD 细化的结构与构造部分导出图，准确且清晰地表达梁、柱、楼板关系以及屋顶排水构造。最后用 PS 对光影、材质进行渲染与细化处理，并添加植被与人物等配景要素（图 4.2.11）。

剖面图绘制的注意要点如下：

（1）剖切到的楼板、梁要涂黑；剖到的墙体双粗线；

（2）注意地面的表达（地坪层需要加粗，地坪层下的素土夯实可采用肌理表达）；

（3）注意剖切到的梯楼梯段与看到的楼梯梯段，应区别表达；

（4）剖切的位置应在楼梯间或者空间有变化的地方（如中庭、客厅挑空等）；

（5）其他包括图纸名称与比例。

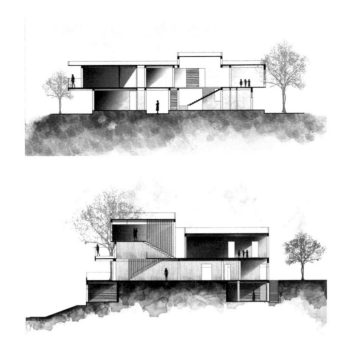

图4.2.11　独立式小住宅学生作业——剖面图范例

4.2.3　分析图的表达

根据《建筑工程设计文件编制深度规定》（2016版）方案设计的一般要求，需要绘制下列反映方案特性的分析图：功能分区、空间组合及景观分析、交通分析（人流及车流的组织、停车场的布置及停车泊位数量等）、消防分析、地形分析、竖向设计分析、绿地布置、日照分析、分期建设等。

我们对学生独立式小住宅的分析图主要有以下几类要求：基地分析、设计理念、功能与流线。分析图也是需要设计的，首先必须厘清"我到底要说明什么"这一问题。

1. 分析图表达原则

分析图表达的原则包括以下三点：一图一事、自我说明、抽象简化。

一图一事：可将整个设计过程进行拆解，每一幅图表达一个阶段，再现构思的全过程；也可将场地要素进行拆解，每一幅图只表达一种场地要素。

自我说明：通过控制图层显示设计意图，无需多余的箭头和线条，清晰的表达主诉内容，让读者一眼就能看明白。

抽象简化：采用点要素、线要素和面要素表达设计中的节点、轴线、流线、功能区块等内容。

2. 基地分析

在前面的章节中已经详细讲解了基地分析主要从哪些方面入手。在基地分析图的具体表达上就是按照一图一事的原则进行，有几个场地要素类型就有几张分项的分析图，一图一事，把过程拆解开来用抽象简化的图示一一展现。分项分析图的底图大小一致、色彩淡化、突出抽象的图示;图示明确,色块表示区域等面性要素,箭头表示有指向性的要素,线条表示道路、流线等线性要素。

基地分析可用平面形式进行表达。将基地CAD图纸直接导出为JPG图片,在此基础上进行分析图绘制(图4.2.12)。

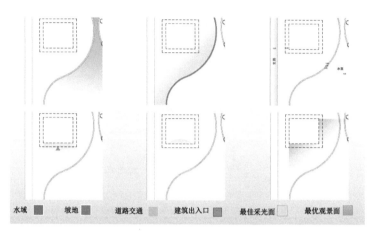

水域　　　坡地　　　道路交通　　建筑出入口　　最佳采光面　　最优观景面

图4.2.12　基地分析平面形式范例

基地分析还可用立体形式进行表达,用SU对基地地形进行建模,选择合适的角度高精度导出JPG图片(通常为基地轴测图),在此基础上进行分析图绘制,此时需要特别注意图示要素的角度关系必须与导出的基地模型图片相一致。二维平面与三维立体的表达方式还可根据具体的需要相互结合(图4.2.13)。

3. 设计理念

设计理念是设计师在设计作品构思过程中所确立的主导思想,可以用简短的文字表述,也可以用图示语言表达。一般在独立式小住宅方案设计表达中,我们要求学生把建筑形体演化过程用图示语言(可以是平面二维的,也可以是立体三维的)表达出来(图4.2.14)。

针对场地的前期分析与设计推演是承接关系。设计推演就是用建筑语言回应前期分析的内容,并将这个过程图视化,图视化所得到的图纸就是设计理念图。

设计理念的推演可以基于气候分析,用体块拆分、增添遮阳构件等手法回应场地分析中得到的气候因素,并为其选择恰当的建筑语言在设计中予以表达。

设计理念还可以从文化意向出发进行设计推演。比如利用场地分析中得到的文脉因素,为自己的方案选择合适的建筑风格。设计理念也可以从场地自然要素出发进行推演,比如利用场地分析中的现状自然因素(如保护树木)进行建筑体型的推敲,与自然因素形成良好的关系,甚至将其融入建筑中,与建筑空间有机结合。这种方式的推演能充分体现建筑对环境的尊重、建筑与景观的互动关系,这些都是在自然环境中进行建筑设计的常用手法(图4.2.15)。

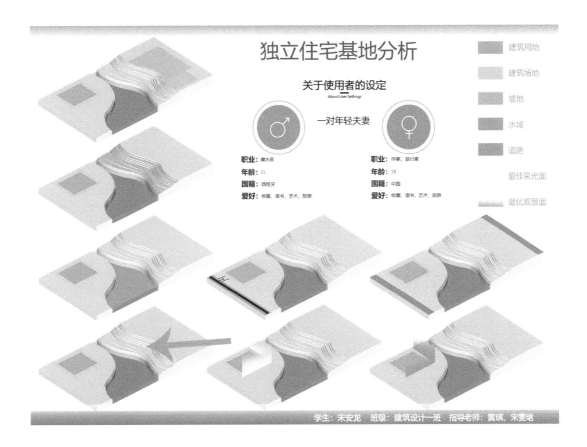

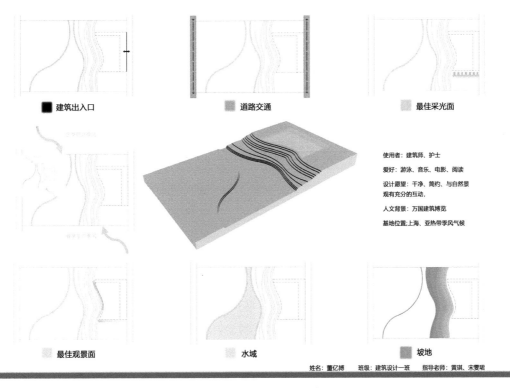

图4.2.13　基地分析立体形式范例

● 设计理念 | Design Concept

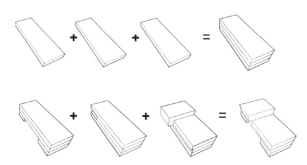

图4.2.14　独立式小住宅学生作业——设计理念图解范例

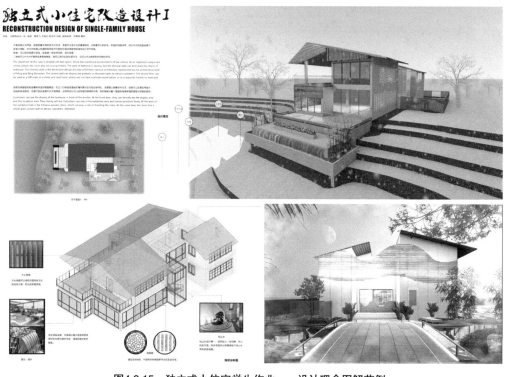

图4.2.15　独立式小住宅学生作业——设计理念图解范例

4. 功能与流线分析

　　根据前面章节对独立式小住宅功能分析的讲解，在功能与流线图解分析中，我们将独立式小住宅的功能空间关系分成私密空间（卧室及其服务卧室的卫生间）、公共空间（客厅、餐厅等）、辅助空间（厨房、洗衣机、佣人房、车库、服务于公共空间的卫生间等）和交通空间（门厅、过厅、楼梯间）四大类别，可以通过二维平面或者三维的立体关系进行图视化表达。流线主要包括主人、客人、佣人以及车行流线，流线分析更加适合以三维立体的方式呈现，能同时表达竖向交通联系。通过功能与流线分析图可以把独立式住宅功能空间的公私、动静、洁污等分区清晰地展示出来（图 4.2.16—图 4.2.17）。

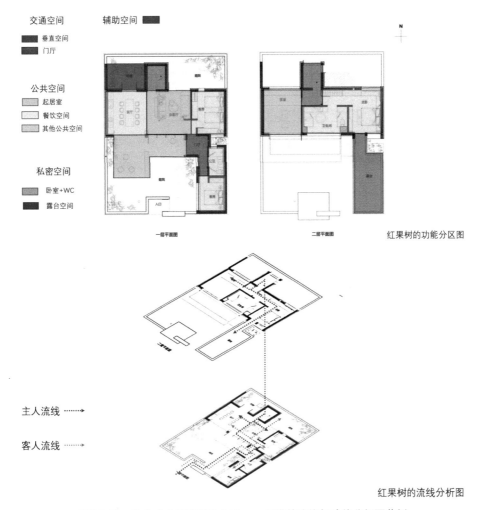

图4.2.16 独立式小住宅学生作业——二维的流线与功能分析图范例

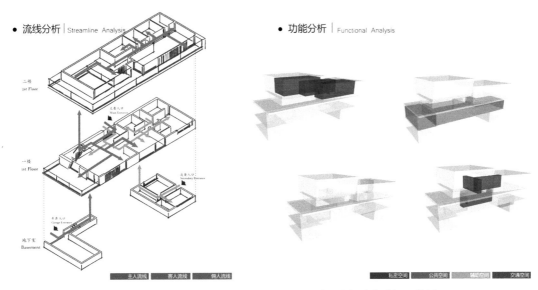

图4.2.17 独立式小住宅学生作业——三维的流线与功能分析图范例

4.3 独立式小住宅的 BIM 技术应用

4.3.1 BIM 基础建模

随着建筑行业的发展，在住宅建筑设计中积极引入了 BIM 技术，BIM 技术能够根据住宅建筑的设计需求提供虚拟的模型，设计人员直接在模型中判断住宅建筑设计是否合理，进而完善住宅建筑设计的过程，确保其符合规范的标准。同时，BIM 技术可以实现建筑工程的数字化管理，为建筑的实际施工奠定坚实的基础。

对于建筑设计专业的学生而言，独立式小住宅建筑设计是入门级的课程，以 BIM 技术为支撑，可以帮助学生更好地理解建筑的结构关系，在提高绘图效率的同时，技术性图纸的制图与出图规范也将得以提升。

独立式小住宅建筑设计中 BIM 技术主要有以下优势：

1. 可视化

BIM 技术为建筑模型的直观展现提供了平台，设计者的设计理念能够直接在建筑模型中展示出来。通过 BIM 基础建模，将柱、梁、板、墙等构件依照图纸放置到模型上，依构件的不同类型选取相符的形式进行绘制工作。三维立体视图提供的效果具有真实性的特征，能够很好地呈现出住宅建筑的设计结果，还可以对住宅建筑的结构细节进行可视化的处理。

2. 优化性

BIM 技术可以解决住宅建筑设计中出现的问题，BIM 简化了设计过程，表现出优化性的优势。BIM 技术的优化性特征，促使设计人员可以全面掌握独立式小住宅建筑设计的内容，而且 BIM 技术的关联性强，可优化处理建筑设计中出现的问题。

3. 虚拟化

BIM 技术根据独立式小住宅建筑设计模拟出实际的住宅建筑工程，把设计方案直接使用模型的方式表达出来，实现了住宅建筑设计过程的虚拟化，虚拟化优势在独立式小住宅建筑设计中体现在能够多次重复修改同一个项目模型，直到确定出最佳的扩初设计方案，规范设计的过程。

对于独立式小住宅建筑设计而言，BIM 基础建模可以是在设计之初就采用 Revit 等相关软件进行模型建构与图纸绘制，并在扩初设计阶段插入梁、柱等构件。同时，还可以在 CAD 平、立、剖面图绘制的基础上，借助 BIM 建模实现由 2D 图纸向 3D 模型的转换。当然，BIM 建模工作贯穿于建筑工程全生命周期，为了满足设计需求，设计师也会不断提高 BIM 建模的精度。[1] 利用 Revit 等相关软件所进行的基础建模，一般为 LOD200 精度，

---

1. BIM 模型的精度，根据 BIM 模型在不同阶段的发展以及该阶段构件所应该包含的信息，可定义为五个级别，分别为：LOD100、LOD200、LOD300、LOD400 和 LOD500。

仅能满足独立式小住宅建筑设计在方案设计和扩初设计阶段的精度要求。

BIM 基础建模的基本步骤如下（图 4.3.1）：

图4.3.1　BIM基础建模基本步骤示意图

1. 建立网格及标高

绘制建筑方案设计图与扩初设计图时，以网格线和楼层线为重要依据，放样、柱子位置的判断皆须以网格为基础，这样才能在建筑施工时让现场施作人员找到地基上的正确位置。楼层标高（软件中表达为楼层线）则为表达楼层高度的依据，同时也描述了梁的位置、墙的高度以及楼板的位置，建筑师大多将楼板与梁设计在楼层线以下，而墙则位于梁或楼板的下方。

2. 导入 CAD 文档

将 CAD 文件导入 Revit 软件，注意单位必须统一，为下一步骤建立柱、梁、板、墙做好准备，可直接点选图面或按图绘制。

3. 建立柱梁板

将柱、梁、板、墙等构件依图面放置到模型上，依构件的不同类型选取相符的形式进行绘制工作。

4. 模型渲染

模型渲染图为可视化沟通的重要工具，三维模型可直观呈现建筑物外形、空间意象等。

5. 图纸输出

目前在美国、新加坡等 BIM 应用较早的国家，其建筑管理相关单位已经接受设计院提交三维建筑信息模型作为审图的依据。然而在国内尚未推行，项目审核仍以传统图样或 CAD 图为主，因此建筑信息模型是否能够规范地输出为平、立、剖面图等技术性图纸或者导成 CAD 图使用，是非常重要的一环（图 4.3.2）。

4.3.2　室内自然采光 BIM 模拟分析

在独立式小住宅建筑设计过程中，为实现使用需求和美观效果，一般会采用大量人工照明，这不仅在一定程度上隔离了人与自然的联系，也有可能造成能源的极大浪费。在当前大力提倡实现可持续发展的大背景下，自然采光设计向着绿色生态设计的方向发展。

如何在保证达到建筑功能及美观效果的同时合理地利用能源，已经成为现代建筑设计过程中的难点和重点。传统采光分析在分析软件中依据 CAD 图纸进行模型搭建并进行相关参数设置，最终计算得出模拟分析结果。这种方式需要在基础分析模型的搭建上花

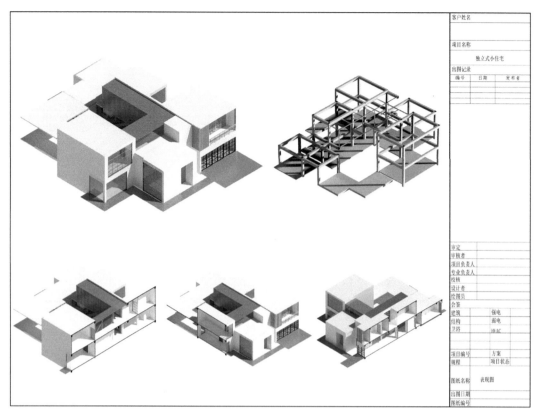

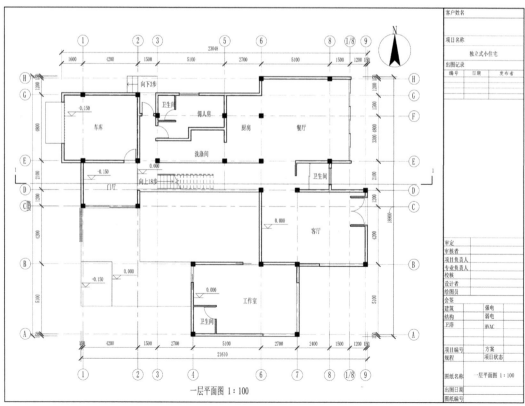

一层平面图 1:100

图4.3.2　独立式小住宅建筑设计——BIM基础建模图纸输出样图

费大量的工作时间。而基于 BIM 模型进行的分析仅需在项目既有 BIM 模型的基础上进行简化、调整，然后导入分析软件中，即可进行性能化模拟分析。与传统的性能化分析相比，工作量大幅减少。

1. 软件选型

当前基于 BIM 模型的自然采光分析，主要的分析软件有 DIALux、Radiance 和斯维尔（Sware）。DIALux 是当今市场上最具功效的照明计算软件，它能满足目前所有照明设计及计算的要求。Radiance 广泛地应用于建筑采光模拟和分析中，其产生的图像效果可媲美高级商业渲染软件。绿建斯维尔采光分析 DALI 是国内首款建筑采光专业分析软件，主要为建筑设计师或绿色建筑评价单位提供建筑采光的定量和定性分析，可快速对单体或总图建筑群进行采光计算，并支持进行全阴天和晴天的三维采光分析等辅助分析功能，可将分析结果数据转成彩图，并提供最终的采光及采光评价指标报告。

2. BIM 分析流程

室内自然采光的分析流程主要如图所示（图 4.3.3）：

（1）数据准备

分析前期需要准备的数据包括：方案 BIM 模型（斯维尔也支持二维图纸）、气象数据以及区位数据。

（2）分析优化操作流程

在收集数据的过程中必须确保数据的准确；根据前期数据以及分析软件要求，建立分析所需的模型；然后，根据气象与区位信息进行环境设定，其后可分别获得单项分析数据，综合各项结果反复调整模型，进行评估，寻求建筑综合性能平衡点；最后，根据分析结果调整设计方案，选择能够最大化提高建筑物性能的方案。

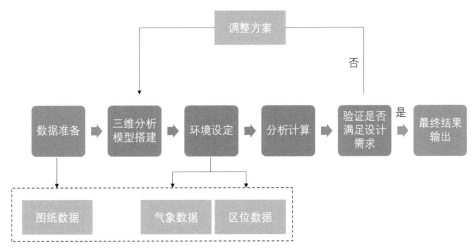

图4.3.3　自然采光分析流程示意图

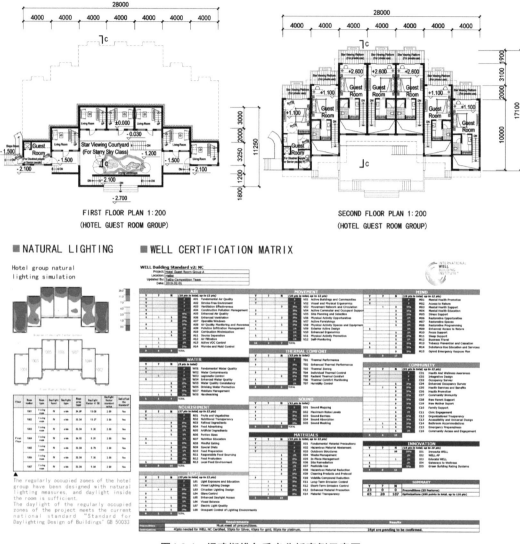

图4.3.4　绿建斯维尔采光分析案例示意图

4.4　独立式小住宅设计深化表达

4.4.1　初步设计的定位轴线与尺寸标注

根据《建筑工程设计文件编制深度规定》（2016版）、《民用建筑工程建筑初步设计深度图样》09J802以及《建筑制图标准》GB/T 50104—2010的基本要求，初步设计阶段的建筑专业设计文件包括设计说明书和设计图纸。

建筑设计从方案到扩初，涉及三个方面内容：其一，是建筑整体结构方案的确定。传统的砖混结构因为抗震性能缺陷，已被市场逐渐淘汰，取而代之以框架结构[1]、短肢剪力

1.框架结构是以由梁、柱组成的框架作为竖向承重和抗水平作用的结构。框架结构的建筑室内空间布置灵活，其平面和立面也有较多变化，应用广泛。

墙[1]等结构体系;其二,是选定符合要求的建筑材料与产品;其三,是建筑构造节点和细部处理涉及的方方面面。我们对学生在独立式小住宅扩初阶段的要求,主要是通过建筑设计图纸的深化,对承重构件(承重墙或者柱)的定位,即定位轴线的确立、轴号的编排与尺寸标注,深入了解建筑结构、建筑材料、建筑构造等相关知识。让学生明确初步设计的轴线编号是施工图的依据,应与结构专业密切配合决定。

1.定位轴线

定位轴线是用以确定主要结构位置的线,如确定建筑的开间或柱距、进深或跨度的线。除定位轴线以外的网格线均称为定位线,它用于确定模数化构件尺寸。定位轴线应与主网格轴线重合。定位线之间的距离(如跨度、柱距、层高等)应符合模数尺寸[2],用以确定结构或构件等的位置及标高。结构构件与平面定位线的联系,应有利于水平构件梁、板、屋架和竖向构件墙、柱等的统一和互换,并使结构构件受力合理、构造简化(图4.4.1)。

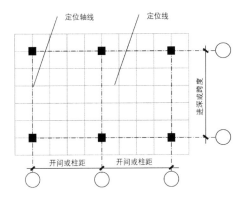

图4.4.1　定位轴线和定位线

2.定位轴线的编号

定位轴线一般应编号,编号注写在轴线端部的圆内。圆圈应用细实线绘制,直径为8—10mm。定位轴线圆的圆心,应在定位轴线的延长线上或延长线的折线上,横轴圆内用数字依次表示,纵轴圆内用大写字母依次表示,在编号时应注意以下几点:

(1)横向编号应用阿拉伯数字,从左至右顺序编写。竖向编号应用大写拉丁字母,从下至上顺序编写。

(2)拉丁字母的I、O、Z不得用作轴线编号。如字母数量不够使用,可增用双字母或单字母加数字注脚,如AA、BA…YA 或A1、B1…Y1。组合较复杂的平面图中定位轴

1.剪力墙结构是用钢筋混凝土墙板承受风荷载或地震作用引起的水平荷载和竖向荷载(重力)的结构。墙体短肢剪力墙是指截面厚度不大于300mm,且各肢横截面高度与厚度之比的最大值大于4但不小于8的剪力墙。

2.建筑模数制有基本模数、扩大模数、分模数三种类型。基本模数用M表示,1M=100mm。扩大模数是基本模数的倍数,共六种,分别是3M(300mm)、6M(600mm)、12M(1200mm)、15M(1500mm)、30M(3000mm)、60M(6000mm)。建筑的开间、进深、跨度、柱距等较大的尺寸,应为扩大模数的倍数。分模数为基本模数的分倍数,共三种,分别是1/10M(10mm)、1/5M(20mm)、1/2M(50mm)。建筑的缝隙、墙厚、构造节点等较小的尺寸,应为分模数的倍数。

线也可采用分区编号，编号标注为"分区号——该分区编号"。分区号采用阿拉伯数字或大写拉丁字母表示（图 4.4.2）。

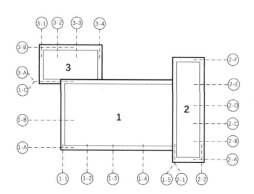

图4.4.2　平面分区的定位轴号编法

（3）附加定位轴线的编号，应以分数形式表示，并应按下列规定编写：两根轴线间的附加轴线应以分母表示前一轴线的编号，分子表示附加轴线的编号，编号宜用阿拉伯数字顺序编写。

（4）一个详图适用于几根轴线时，应同时注明各有关轴线的编号。

（5）通用详图中的定位轴线应只画圆，不用标注轴线编号。

（6）圆形平面图中定位轴线的编号，其径向轴线宜用阿拉伯数字表示，从左下角开始，按逆时针顺序编写；其圆周轴线宜用大写拉丁字母表示，从外向内顺序编写（图 4.4.3）。

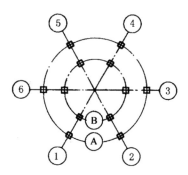

图4.4.3　圆形平面的定位轴号编法

3.尺寸标注

初步设计要求至少标注两道尺寸线：平面图是外包总尺寸和轴线尺寸，立面图和剖面图是总高和层高尺寸，具体详见下面图示表达的具体要求。

4.4.2　初步设计的图纸表达

初步设计图纸有特定的比例要求：总平面图 1∶300—1∶500；平立剖面图常用比例为

1∶100、1∶150、1∶200、1∶300，根据建筑物的规模来定；平面放大图如楼梯或者卫生间详图等常用1∶50，构造节点详图1∶5—1∶20，便于相互查对（图4.4.4）。

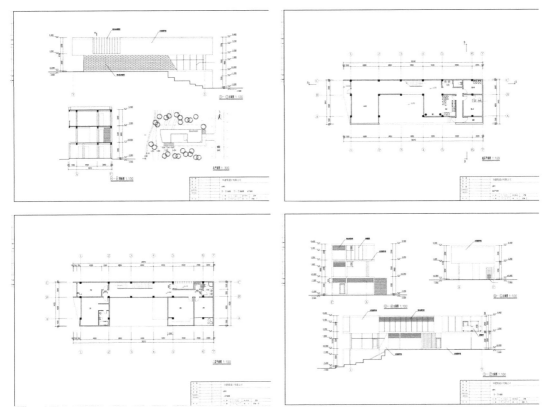

图4.4.4　独立式小住宅扩初设计学生作业

1.总平面定位图绘制要点

总平面图的初步设计要求，可参考《民用建筑工程总平面初步设计、施工图设计深度图样》。这里只是列出总平面定位图的绘制要点，详细如下几部分内容：

（1）建筑主体及其相关内容：建筑首层轮廓线或屋顶轮廓线；建筑物首层看线（包括台阶、坡道、花台）；地下室轮廓线；建筑物出入口（包括地下室机动车、非机动车出入口）；建筑功能、层数及标高等。

（2）道路及周边环境：道路中心线、道路宽度、转弯半径、回车场尺寸及文字，道路及场地的竖向（该项可单独出竖向设计图，学生作业不做要求）；用地红线、建筑退红线等的文字及尺寸标准；用地红线坐标（如有用地分期，标出各期用地名称）；环境于CAD总图并非表达重点，只需清晰表达出绿化的边界、铺地的边界即可（计算绿地率用）。

（3）建筑之间的关系及建筑与周边环境的关系：建筑的总长度；建筑与建筑之间的间距（将消防间距与日照间距表达清晰）；建筑与红线、退红线之间的关系。

（4）其他包括图纸说明、图例、比例尺、指北针等。

2. 平面图绘制要点

（1）标明承重结构的轴线、轴线编号、定位尺寸和总尺寸，注明各空间的名称和门窗编号，住宅标注卧室、起居室（厅）、厨房、卫生间等空间的使用面积。

（2）绘出主要结构和建筑构配件，如非承重墙、壁柱、门窗（幕墙）、天窗、楼梯、电梯、自动扶梯、中庭（及其上空）、夹层、平台、阳台、雨篷、台阶、坡道、散水明沟等的位置。

（3）当围护结构为幕墙时，应标明幕墙与主体结构的定位关系。

（4）表示主要建筑设备的位置，如水池、卫生器具等与设备专业有关的设备的位置。

（5）表示建筑平面或空间的防火分区和面积以及安全疏散的内容，宜单独成图。

（6）标明室内外地面设计标高及地上、地下各层楼地面标高。

（7）首层平面应标注剖切线位置、编号及指北针。

（8）绘出有特殊要求或标准的厅、室的室内布置，如家具的布置等。

（9）也可根据需要选择绘制标准层、标准单元或标准间的放大平面图及室内布置图。

（10）其他包括图纸名称、比例等。

3. 立面图绘制要点

（1）应选择绘制主要立面，立面图上应标明两端的轴线和编号。

（2）立面外轮廓及主要结构和建筑部件的可见部分，如门窗（消防救援窗）、幕墙、雨篷、檐口（女儿墙）、屋顶、平台、栏杆、坡道、台阶和主要装饰线脚等。

（3）平、剖面未能表示的屋顶、屋顶高耸物、檐口（女儿墙）、室外地面等处主要标高或高度。

（4）主要可见部位的饰面用料。

（5）其他包括图纸名称、比例等。

4. 剖面图绘制要点

剖面图应剖切到层高、层数不同、内外空间比较复杂的部位（如中庭与邻近的楼层或错层部位）。剖面图应准确、清楚地绘制出剖切到和看到的各相关部分内容，并应表示以下内容：

（1）主要内、外承重墙、柱的轴线，轴线编号；

（2）绘出主要结构和建筑构造部件，如：地面、楼板、屋顶、檐口、女儿墙、吊顶、梁、柱、内外门窗、天窗、楼梯、电梯、平台、雨篷、阳台、地沟、地坑、台阶、坡道等；

（3）各层楼地面和室外标高，以及建筑的总高度，各楼层之间尺寸及其他必需的尺寸等；

（4）其他包括图纸名称、比例等。

5. 详图绘制要点

详图包括建筑局部放大平面图（楼梯、电梯、厨房、卫生间等），建筑外墙、屋面等构造详图，门窗、幕墙等立面详图，特定室内外装饰构造详图等。

以楼梯详图为例，包括楼梯平面图、楼梯剖面图、楼梯节点详图。楼梯平面图就是将建筑平面图中的楼梯间比例放大后画出的图样，比例通常为1∶50。在楼梯底层平面图中，还应标注出楼梯的剖切符号。楼梯剖面图是用假想的铅垂剖切平面，通过各层的一个梯段和门窗洞口将楼梯垂直剖切。另一侧没有被剖切到的梯段方向作投影，所得到的即是楼梯剖面图。楼梯剖面图主要表达楼梯踏步、平台的构造、栏杆的形状以及相关尺寸。楼梯节点详图是指栏杆扶手与墙体、地面等的构造细部大样。

4.4.3 施工图设计案例

在施工图设计阶段，总平面和建筑专业设计文件分别包括各自的图纸目录、设计说明、设计图纸、计算书。本设计示例是一套完整的独立式小住宅建筑专业施工图和一套双拼别墅建筑专业施工图，对于初学者容易学习模仿。这两套施工图仅提供参考画法，相关工程做法每年都会根据规范和地域进行更新（图4.4.5和图4.4.6）。

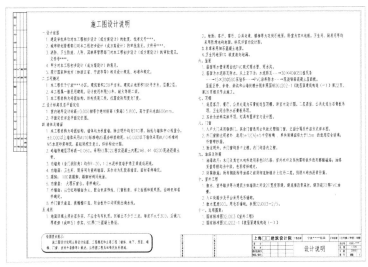

图4.4.5 小住宅施工图设计案例——独栋（一）

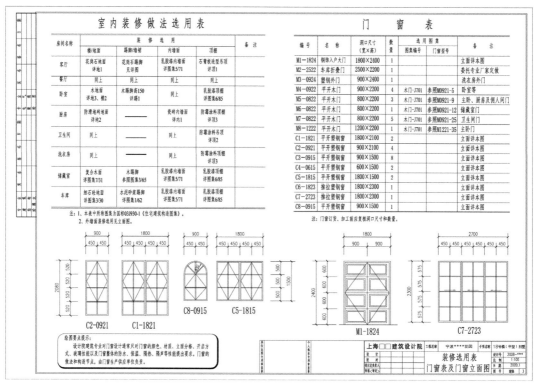

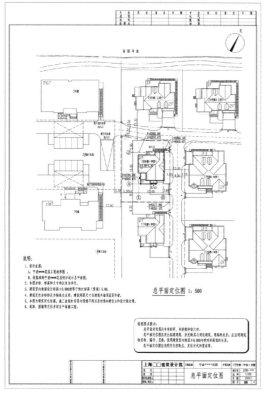

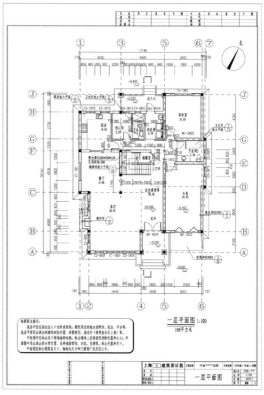

图4.4.5 小住宅施工图设计案例——独栋（二）

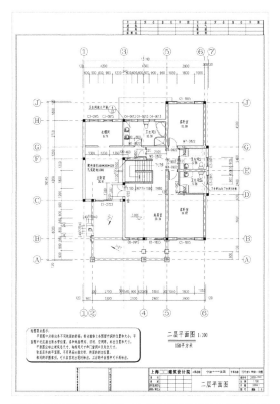

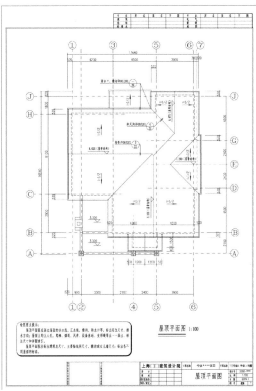

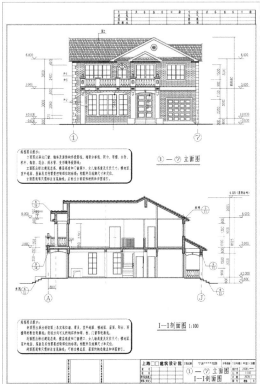

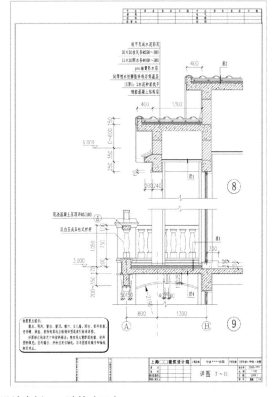

图4.4.5　小住宅施工图设计案例——独栋（三）

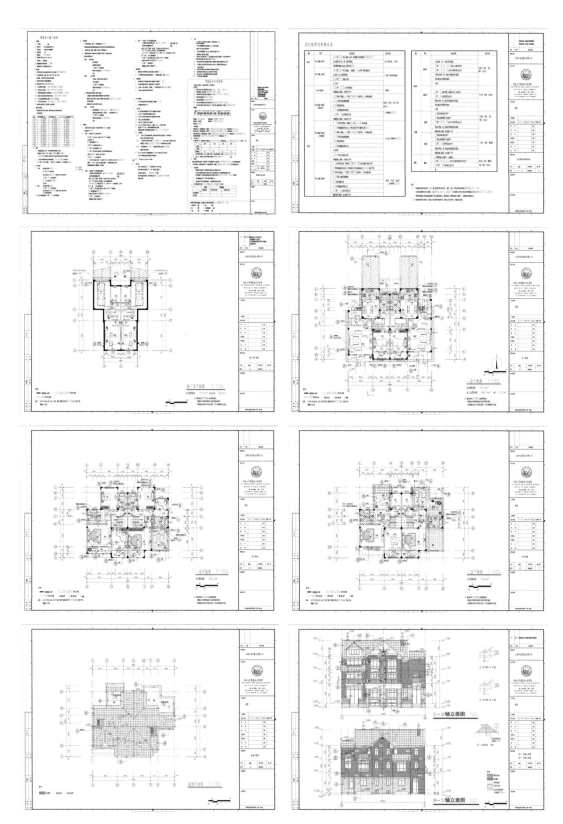

图4.4.6　小住宅施工图设计案例——双拼（一）

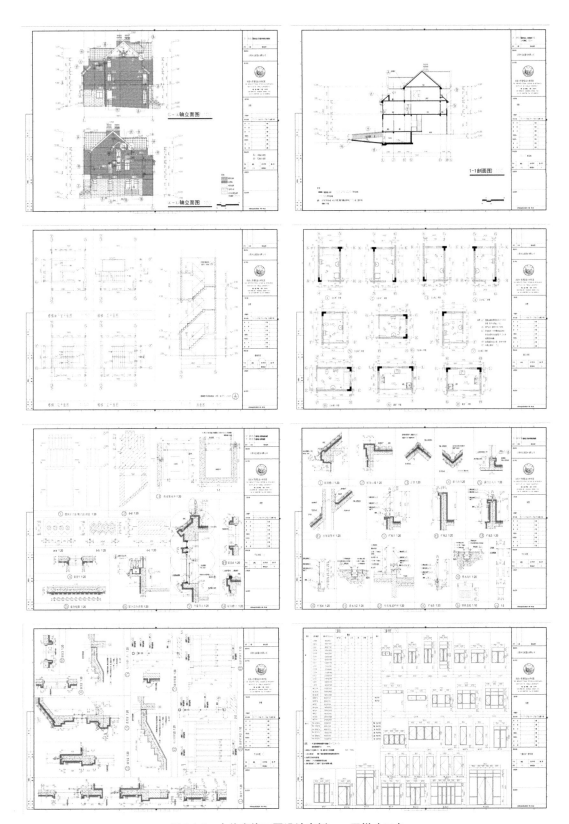

图4.4.6　小住宅施工图设计案例——双拼（二）

单元任务 1

1. 任务内容

一套独立式小住宅方案设计的完整图纸

2. 任务要求

（1）二维技术性图纸

① A2 图纸或展板，电脑绘制；

②平面图（各层平面图）、立面图（至少 2 个立面图）、剖面图（至少一个剖面图）1∶100；

③总平面图 1∶300—1∶500。

（2）若干建筑表现图

（3）经济技术指标、分析图（场地分析、设计理念分析、功能流线分析）、设计说明

3. 任务目标

（1）知识模块

①掌握方案成果表达的基本要求；

②了解排版设计的基本方法和步骤。

（2）技能模块

①通过完整的一套建筑方案图纸表达，熟练掌握各种相关绘图软件的运用；

②方案汇报的表达技巧。

（3）思政模块

采用 PPT 汇报形式进行班级交流，培养学生良好的口头表达和现场应变能力。

单元任务 2

1.任务内容

一套独立式小住宅 BIM 建模与扩初设计。

封面

中文黑体（30-36号）
英文Calibri（24-30号）

微软雅黑（12-14点）

独立式小住宅BIM建模与扩初设计
BIM AND PRELIMINARY DESIGN OF SINGLE-FAMLIY HOUSE

效果图淡显

班级
姓名
学号

独立式小住宅BIM建模与扩初设计
BIM AND PRELIMINARY DESIGN OF SINGLE-FAMILY HOUSE

班级：
姓名：
学号：

2.任务要求

在独立式小住宅建筑方案设计的基础上，指导学生进行 BIM 建模与扩初设计。

（1）A3 文本，电脑绘制；

（2）封面要求：标题、图片；

（3）BIM 模型轴测图（1 张），剖轴测图（4 张）；

（4）各层平面图 1∶100—1∶150（扩初设计深度图纸，标注轴号、两道尺寸线）；立面图（2—3 张）1∶100—1∶150（扩初设计深度图纸，标注标高、两道尺寸线）；剖面图（1 张）1∶100—1∶150（扩初设计深度图纸，标注标高、两道尺寸线）。

3. 任务目标

（1）知识模块

①掌握扩初设计的基本要求；

②了解 BIM 建模的基本知识。

（2）技能模块

①在原有建筑方案基础上，进行扩初设计（尺寸标注）；

②要求学生应用 BIM 相关软件进行建模（或在 CAD 方案图的基础上进行 BIM 翻模），利用 BIM 模型可视化强的优势，帮助学生对建筑结构与构造加深理解，同时进一步提高扩初深度制图的规范性。

（3）思政模块

①万丈高楼平地起，方案落地还要经过严谨的扩初设计，这个过程中培养起学生精益求精的学习作风和一丝不苟的工匠精神；

②工程伦理——建筑工程设计通常由多专业的工程师共同参与，要求工程师具备责任和权利；缺失这种责任，只是将利润和效率放在首位，忽略对公众的安全、幸福的关注，可能带来不同程度的灾难性后果；

③ BIM 通过三维数字技术模拟建筑物所具有的真实信息，使该模型达到设计施工的一体化，为工程设计和施工提供相互协调的平台。BIM 翻模过程可以直观地呈现出建筑内部的空间构件，有效避免构件冲突和由于不够严谨产生的"反人类"（不符合人体尺度或者使用习惯）设计，从中培养起学生对项目的责任心。

第五单元　独立式小住宅设计发展趋势

5.1　被动式住宅设计

5.1.1　被动式住宅定义

被动式住宅概念的提出与发展源起于德国。[1] 被动式住宅英文称为 "Passive House"，德文称为 "Passivhaus"。被动式住宅在中国台湾又被称为 "被动式节能屋"，在日本被称为 "无暖房住宅"。被动式住宅设计指的是通过住宅设计本身，充分利用自然资源，而不需要借助机械设备，达到减少用于住宅建筑照明、采暖、制冷等方面能耗的目标，实现住宅冬季采暖、夏季制冷的效果。

被动式住宅设计是指根据建设区域所在的气候特征，遵循建筑环境控制技术基本原理，综合住宅功能、形态等需求，合理组织和处理建筑各要素，使建筑物具有较强的气候适应与调节能力。

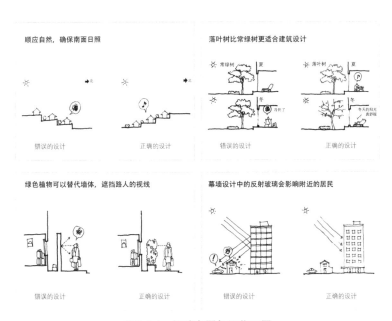

图5.1.1　场地布置与绿化配置

---

1. 在20世纪末期，德国达姆施塔特房屋与环境研究所的沃尔夫冈·费斯特博士在与瑞典隆德大学的博·亚当姆森教授的一次谈论中，第一次提出了被动式房屋的概念。随后，在德国黑森州政府的大力资助与支持下，经过了大量的研究和试验，正式确立了被动式建筑的建筑理念。

5.1.2 被动式住宅设计理念与手法

1. 被动式设计基本理念

我们可以通过一组漫画来了解一些被动式设计手法，从场地布置、绿化配置、建筑朝向、开窗方式、采光、通风等方面掌握基本的被动式设计理念（图 5.1.1—图 5.1.6）。

图5.1.2　恶劣天气

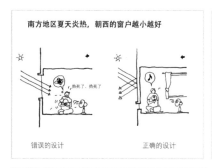
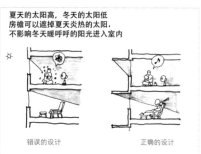

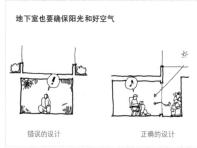
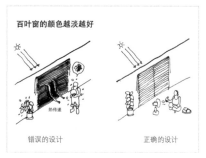

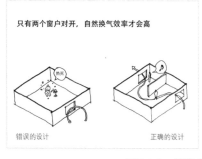
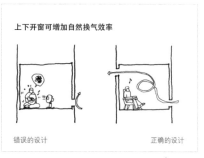

图5.1.3　开窗方式与采光、通风

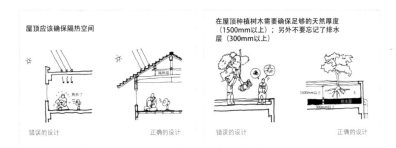

图5.1.4　屋顶处理

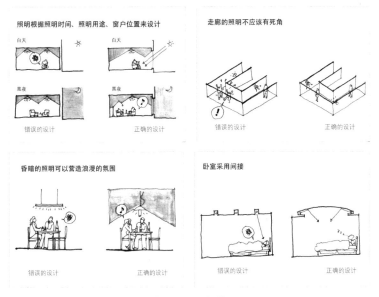

图5.1.5　照明

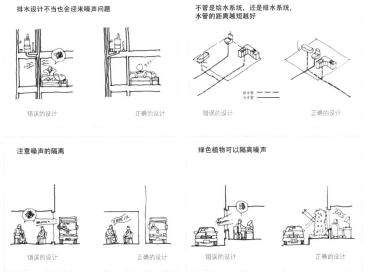

图5.1.6　噪声处理

2. 被动式设计手法

被动式住宅设计涉及场地规划与建筑单体设计两个层面。

（1）场地规划

场地规划布局包括选址、建筑布局与朝向。选址需要综合考虑采暖与纳凉，注意防风设计，避免冬季主导风向，同时主导风向要减少阻挡物。建筑布局与朝向则要考虑冬季太阳辐射、夏季自然通风、夏季建筑遮阳三点需要。合理的朝向选择能够确保住宅建筑冬暖夏凉，为居民提供一个舒适的居住环境。

中国传统的风水理论其中有很多都与被动式场地设计的相关方法不谋而合，如坐北朝南、背山面水，都是充分考虑中国大部分地区的主导风向对于建筑的影响，利用自然环境达到夏季降温、冬季采暖的效果。另一方面场地中的水体所形成的小气候也会对建筑节能产生积极的影响。

（2）建筑单体

住宅单体被动式设计主要考虑墙体及屋面保温、体形系数、遮阳和自然通风等几个方面。

①冬季被动式住宅对暖气设备的依赖程度较低，主要依靠建筑墙体与屋面的保温层以及建筑的密封性，实现住宅的高效保温。

②体形系数是指"建筑物与室外大气接触的外表面积与其所包围的体积的比值"。一般而言，体形系数越低，建筑的外表面积越小，耗能就越小。建筑的体形系数越大，其能耗越大，越不利于节能设计。因而对住宅建筑的体型进行设计必须控制其体型系数。

③遮阳可通过遮阳设备（如百叶）减少东、西向日照对建筑的影响，尽量减少西面开窗，以降低由于西晒造成的能耗。

④自然通风在建筑设计过程中充分考虑主导风向，通过将自然风引入室内，降低室温，减少夏季的空调能耗。住宅建筑通风设计应该秉持夏天打开形成风道，冬天关闭风道，减少通风带来的热量损失的原则。

5.1.3 被动式住宅设计案例

1. 美国 / 马德罗纳被动房，超级节能住宅，SHED（图 5.1.7—图 5.1.9）

马德罗纳被动房[1]建在陡峭的斜坡上，可一览华盛顿湖和喀斯喀特山脉的美景。住宅客户是一对夫妇，有两个十几岁的孩子。除了简单地建造一所节能的小房子外，客户还希望能够将孩子们的房间改成可租用的单元，或在孩子们搬出后改成 ADU（经济适用住宅单元，Affordable Dwelling Unit）。为了满足客户的需求，孩子们的房间被放置在最下面一层，在北侧和东侧完全采光。其中带卫生间的一间和起居区可以通过增加一堵墙和

---

1. 马德罗纳被动房位于美国华盛顿州的西雅图市，由 SHED 建筑设计公司设计，2016 年竣工。建筑面积为 3764ft²（约 350m²）。

一间小厨房转为 ADU。剩余的一间可以用作客房，洗衣房和设备房将继续服务于较高楼层。首层空间包括起居室、厨房和餐厅，以及一个面向湖泊的大甲板。楼上设有主人套房，还有办公室和健身室。

根据被动房标准进行设计，通过可持续的场地开发策略、高效的建筑系统和高性能的围护结构，该项目将对环境至关重要的观景地转换为可持续性地段，同时达到世界上最苛刻的建筑能源标准。作为指定的环境关键区域（ECA）陡坡，该地段比普通的平地段受到更严格的审查标准。另外，根据 ECA 规定，新房子必须位于旧房子（占地 10—12 英尺）的占地面积内（或上坡）。为了加固该地点对环境至关重要的陡坡，在山坡深处由钻了 26 根桩支撑的结构板有效地将房屋"漂浮"在"高跷平台"上的边缘土壤上方。

高效的建筑系统和高性能的围护结构主要体现如下：

（1）结构泡沫保温管线的挡土墙和结构板消除了热桥；

（2）高密度纤维素空腔隔热层，ZIP 护套用于气密性，矿棉外部隔热板，垂直雪松壁板的防雨板；

（3）隔热支柱上的 7kW 太阳能光伏阵列，其尺寸可抵消大部分家庭的能源需求；

（4）外部机械百叶窗和三窗格窗户可调节太阳能增益；

（5）绿色屋顶和雨水收集，以减少雨水径流并灌溉耐旱的植物。

图5.1.7　马德罗纳被动房设备

地下一层平面图　　　　　　主要楼层平面图　　　　　　二层楼平面图

图5.1.8　马德罗纳被动房二维性技术图

图5.1.9　马德罗纳被动房实景图

2. 美国纽约 Greenport 被动式住宅（图 5.1.10—图 5.1.12）

纽约 Greenport 住宅位于纽约长岛，是建筑师韦恩·特雷特（Wayne Turett）的自宅。该建筑从当地本土建筑中汲取灵感，旨在实现设计师的目标——在不牺牲舒适性和风格的前提下，应对气候危机。

建筑师韦恩·特雷特在设计该被动式住宅时考虑了三个关键因素：

（1）建筑围护结构的密封性；

（2）隔热层的设置；

（3）设置附加元素，如悬挑屋顶，保护建筑在夏季不受过多的阳光辐射。

基于这些策略，Greenport被动住宅比新建住宅的平均能耗降低了75%。同时得益于三层玻璃窗和能量回收通风系统，可吐纳空气。建材方面，项目采用了立边咬合式金属屋顶、6in的聚异板（Polyiso），外墙还填充了4in的聚异绝缘材料。建筑外立面材质为灰色的雪松板和水泥，屋顶为铝制材料。隔热层设有专用封套，利用胶带形成气密性的空气屏障。室内部分选用了轻木材料配合白墙，厨房、餐厅、客厅和门廊设在二层，可以看到水景。一层的卧室和浴室可通过室外淋浴区进入，由基地的沙质海岸逐渐过渡到室内。

图5.1.10　美国纽约Greenport被动式住宅室内外实景图

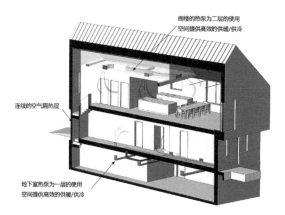

图5.1.11　美国纽约Greenport被动式住宅机械通风、密闭、热包络示意图

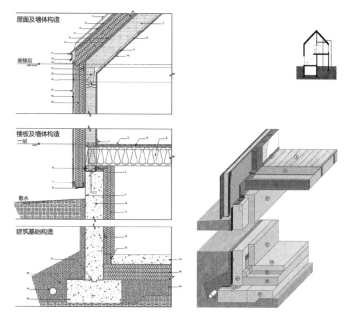

图5.1.12　美国纽约Greenport被动式住宅剖面示意图

3. 英国 Carrowbreck Meadow 被动式住宅（图 5.1.13—图 5.1.15）

Carrowbreck Meadow 项目[1] 总建筑面积为 1763.3m²，包括 14 栋独立式被动住宅，据测算一次能源消耗为 110kWh/m²，年度供暖、供冷能耗为 13.86kWh/m²，热负荷为 10.36W/m²，建筑外围气密性为 0.45ach。

在建筑设计上，巧妙运用日光运行轨迹以及有效的门窗布置。同时，板条的构成确保冬季自然采光，建筑能够最大限度地接收太阳辐射。夏天，设计师采用大量的绿植、树木以及百叶窗作为竖向外遮阳，以利于建筑本身阻挡热光负荷。设计师选用了当地自

---

1. 2018 年 10 月 24 至 25 日，英国房屋建筑联盟 London Build 在伦敦奥林匹克中心开展了为期两天的年度大型建筑博览会，民用住宅建筑项目 Carrowbreck Meadow 最终获得由英国被动房机构 Passivehaus Trust 颁发的 2018 年度英国新建被动房大奖。

然环保建筑材料，以减少工程预算。

（1）墙体由黏土陶粒空心砌块作为基础，这种砌块不仅增加了墙体的热阻，也因轻质、隔声效果好等特点减轻了建筑结构荷载，同时减少墙、柱、梁的断面尺寸，从而相对增加了建筑物的使用空间。这种砌块材料的30%是由可再生材料组成并可循环利用。在建筑施工过程中，这种砌块材料的用水量相较于传统砌体减少了近95%。

（2）外墙保温是由一种新型可渗透的连续 EPS 保温材料"Baumit Open"来完成的，这种材料增强了墙体的"呼吸性"，加上石膏板与暖通空调的安装，房屋室内的湿度可以维持在一个让住户非常舒适的水平。

（3）屋顶材料采用了低碳的英国北方 Mesta 木材，高热阻的黏土陶粒空心砌块以及被回收的废报纸作为屋顶保温层。

图5.1.13　英国Carrowbreck Meadow被动式住宅实景图

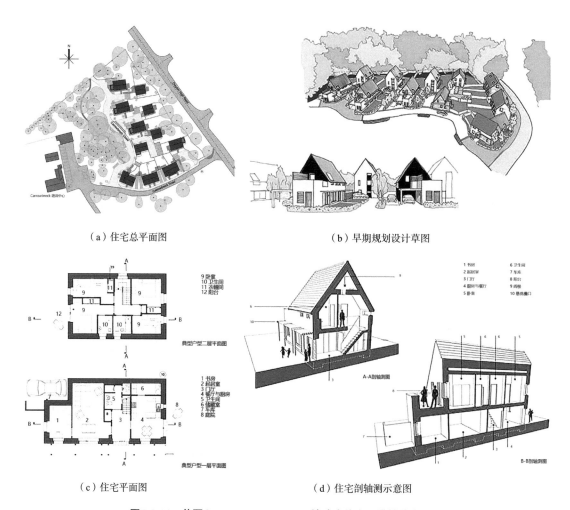

（a）住宅总平面图　　　　　　　　　　　（b）早期规划设计草图

（c）住宅平面图　　　　　　　　　　　（d）住宅剖轴测示意图

图5.1.14　英国Carrowbreck Meadow被动式住宅二维性技术图纸

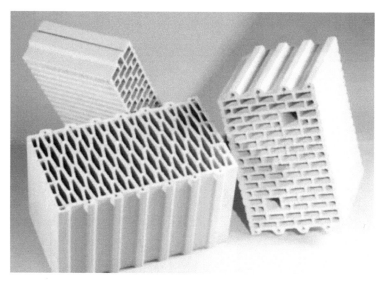

图5.1.15　英国Carrowbreck Meadow被动式住宅砌块材料

5.2　装配式住宅设计

5.2.1　装配式住宅定义

装配式建筑是指用预制的构件在工地装配而成的建筑。以工业化生产为基础，集成了四大装配体系：结构装配体系、维护装配体系、设备管道装配体系和内装装配体系。装配式住宅简单说就是将住宅建筑的组成构件在工厂提前制作完成（可以是全部的组成构件，也可是部分的组成构件），比如墙、楼梯、柱、管、板等，然后运往施工现场，通过专业的连接作业组成一个完整的住宅建筑。这种住宅的优点是建造速度快，受气候条件制约小，节约劳动力并可提高建筑质量。装配式住宅按照结构体系可以分为混凝土结构体系（预应力混凝土装配式框架体系、预制装配式剪力墙体系、混凝土内浇外挂体系）、钢结构体系（型钢体系、轻钢体系）、木结构体系。

5.2.2　装配式住宅特点

工业革命带来了城市化运动的急速发展，以及第二次世界大战后城市住宅需求量的增加，促使建设方式转变，装配式住宅应运而生。装配式技术可以用于高层、多层、低层住宅。

1. 大量的建筑部品由车间生产加工完成，构件种类主要有：外墙板、内墙板、叠合板、阳台、空调板、楼梯、预制梁、预制柱等。

2. 现场大量的装配作业，比原始现浇作业大大减少。

3. 采用建筑、装修一体化设计、施工，理想状态是装修可随着主体施工同步进行。

4. 设计的标准化和管理的信息化。构件越标准，生产效率越高，相应的构件成本就越会下降；配合工厂的数字化管理，整个装配式建筑的性价比越来越高。

5. 符合绿色建筑的要求。

5.2.3　装配式住宅设计案例

1. "插件家"的案例

"插件家"最早是运用在北京胡同的一个改造项目（图 5.2.1 "插件家"示意图）。[1] 由于原有房屋旧、质量差、邻里间产权不清以及风貌区保护的限制，如果像修复古建筑一样去做，费用太高。所以采用直接在老房子里"插入"一个新房子的做法，起名为"插件家"。"插件家"采用一种集成了结构、保温、管线、门窗及室内外装饰完成面的预制复合板材，并将其完善成一套包含多种功能模块的系统化解决方案。所有板材预先在工

---

1. "插件家"英文为"Plugin House"，顾名思义是以另外加上附属结构的方式，在不改变原有环境甚至建筑的情况下，达成理想的房屋结构和居住环境。是众建筑（People's Architecture Office，PAO）针对各地老城区、市郊和乡村里长期存在的基础设施不完善，房屋密闭、保温、隔声。

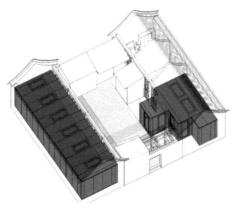

图5.2.1 "插件家"示意图

厂做好，运到现场直接拼装。插件家的保温、密闭、隔声效果都非常优秀，一年消耗的电量是旁边邻居的 1/4，造价在 4000—6000 元 /m²，也是普通百姓可以接受的价格。它选用的材料是冷库用的夹芯板，搭建简便，可以轻松搬运。这种插件家的方式在深圳城中村的破败老宅里也建造出符合城市年轻人标准的新空间，以缓解城市的住房压力。居住者可以在享受全新居住空间的同时，通过原有的旧墙和植物体会到村子曾经的历史（图 5.2.2—图 5.2.3）。

2. 森林边缘的集装箱住宅

位于法国默兹的一处集装箱住宅，由"spray 建筑设计事务所"设计，这处住宅地处一个小乡村的尽头，仅距森林边缘几米远，给人一种亲近自然的全新体验，该住宅由两个集装箱组成：一个用作生活起居，另一个则是一处雕塑工作室。"起居室集装箱"由金属结构支撑，将其从地面抬起。长 20m、宽 6m 的矩形平面全面开放，形成了灵动的流线和灵活的室内空间布局。起居室通过一条宽敞的走廊连接着卧室和办公室。在走廊中布置各种雕塑作品，由此巧妙地将走廊变成了艺术品展览区。

图5.2.2 "插件家"案例1

图5.2.3　"插件家"案例2

　　该住宅设有两个平台，一个是位于西南侧的附顶平台，起到雨篷作用的同时，也使得建筑的出入口更加醒目；另一个平台则是沿着建筑东北侧的长边布置，可以由建筑内部任一房间到达。住宅建筑设计方案大量运用了钢板、混凝土地板和暴露的金属结构，充分遵循粗野主义的原则，远远看去立于山坡之上的两个集装箱建筑就像两个黑色巨石。每个立面都设有垂直的开口，无论是落地窗开口还是固定窗，这些开口框都选取了不同的自然美景（图 5.2.4）。

图5.2.4　森林边缘的集装箱住宅（一）

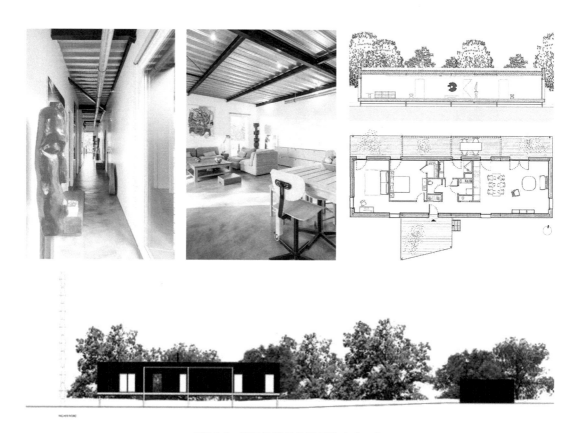

图5.2.4　森林边缘的集装箱住宅（二）

5.3　独立式小住宅改造设计

5.3.1　改造设计相关背景

独立式小住宅改造设计属于既有建筑改造设计的一类。既有建筑泛指迄今为止存在的一切建筑，包括具有一定历史文化价值的历史性建筑，也包括大量存在、一般性的已有建筑。其实人类自有建筑活动以来，就存在着对既有建筑的改造，大体分为下面几个阶段。

1. 从古典时期以来的两千年里，对既有建筑的改造非常普遍，城市一直都是以新建与再利用相辅相成协调发展着。由于新建筑成本过高，许多旧建筑得以继续使用，如著名的帕提农神庙[1]、罗马斗兽场[2]，还有些宗教建筑和政治意义的建筑也不允许拆除。

2. 19—20 世纪末跨入现代主义门槛时期，新建与再利用这种关系突然被打破，20 世纪战争造成的破坏以及第二次世界大战后大规模的重建，导致城市大量的历史环境迅速

---

1. 帕提农神庙曾于 5—6 世纪在东端加了一个半圆拱，改成基督教堂；后来在西南角建造了尖塔，改为清真寺；最后成了军火库。

2. 由于材料的获取不易，罗马斗兽场的部分石料曾在 15 世纪时被教廷拆除，用以建造教堂和枢密院。直到 1749 年罗马教廷以早年有基督徒在此殉难为由，才宣布其为圣地，并对其进行保护。

消失，拆旧建新反而普遍起来。

　　3. 20世纪70年代石油危机导致新开发项目滑坡，迫使人们不得不重新思考如何充分利用旧城区的原有设施和现有资源。一些中欧的德语系国家开始出台标志性建筑保护条例和保护名单，产生了现代规划法（表5.3.1）。在保护对象上，人们越发意识到仅保护单栋历史建筑远远不够，还要保护周围的环境。但是周围环境往往是大量一般性的旧建筑构成，这些一般性旧建筑无法得到保护条例和经济政策上的保护，博物馆式的保护也不适用于它们。

　　4. 20世纪80年代经历了对工业革命以来经济社会发展付出的沉重代价，人们提出可持续发展战略。[1]可持续发展促进资源的有效利用，包括对原材料和能源方面的节约，也包括精神层面上的需求和延续。人们开始关注旧建筑的保护与再利用[2]，既有建筑改造设计重新回到大众的视线中。

保护相关法规 表5.3.1

1931年《雅典宪章》——通过《关于历史性纪念物修复的雅典宪章》（修复宪章）
1964年《威尼斯宪章》——历史性纪念物的概念扩展；历史性纪念物保护的原真性和整体性
1981年《佛罗伦萨宪章》——关于历史园林与景观的保护
1987年《华盛顿宪章》——关于历史城镇和城区的保护
2005年《西安宣言》——关于无形文化遗产的保护
1975年欧洲建筑遗产年，《关于建筑遗产的欧洲宪章》《阿姆斯特丹宣言》——整体性保护

5.3.2　改造设计策略与手法

　　既有建筑改造是综合其历史意义、改造价值、节能环保、经济合理性、功能置换可行性、改造技术等多维度得出的最合理解决方案，本节只是从改造设计策略和手法的角度进行简述。

　　1. 改造手法

　　加法（Addition）是独立式住宅改造设计常用手法，加法有扩建、加层、扩大、整合、补充等多种形式。加法主要是为了获得更多的空间，升级建筑用于新功能，甚至赋予建筑新的表皮以提升外观。成功的加法项目是旧、新建筑融为一体，在增加新空间的同时，更好地利用旧的基础提升空间品质。在加法案例中，新旧空间界限处理得较为明显，建筑新旧并存所产生的空间效果和审美情趣非常有意思，如在瑞士恩加丁村庄的农舍改造中，浴室作为一个白色立方体的独立补充元素，与原有空间形成强烈对比。而位于澳大

---

1. 可持续发展战略：价值观（人与自然不再对立，不再片面强调征服与改造自然，而是尊重人与自然的和谐发展）；人本观（以人为本，把传统经济增长第一的发展模式转到以人为中心，人本经济发展观既注重效率原则，又注重公平原则）；资源观（节约型经济发展道路，资源合理开发与可持续利用）。

2. 过去多使用保护（conservation）、保存（preservation）、修复（restoration），现在多使用再循环（recycling）、适应性再利用（adaptive use）、建筑再生（re-architecture）。

利亚墨尔本的 vader 住宅是两栋分开的建筑，中间是池塘相连。扩建部位的钢骨架围合成宽敞的室内空间。金属的新双坡屋顶与场地周遭环境相呼应，但其形成扭曲、破坏性的形状，又打破了菲茨罗伊风格典型的对称屋顶结构，为整个住宅注入新的活力（图 5.3.1）。

与加法相比，还有些改造案例的设计手法对新旧边界线的处理不那么清晰，物质上的更新与变化却更加微妙和深远，不仅体现在外观、形状或结构上，而且涵盖了建筑物的全部。既强调原有建筑的优势，同时升级以符合更高的技术标准。建筑师已经认识到建筑外观和物质实体结构都值得保留，因此对建筑物进行全面整修。详见后面的独立式小住宅改造设计案例中的上海微光之宅。

（a）瑞士恩加丁村庄的农舍改造

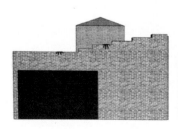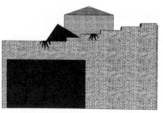

（b）澳大利亚墨尔本的 Vader 住宅

图5.3.1 加法中的新旧处理

2.改造策略

独立式住宅改造设计通常有两种常用改造策略。

（1）居住功能不变，主体结构不会发生大的变动

和其他类型既有建筑改造需要注入新的功能不一样，大部分独立式小住宅的改造不是要重新界定新的功能，而是由于一些原因需要对内部功能空间户型进行调整：比如户型本身不合理，居住条件差；设计年代久远，不符合现代生活需求和能耗要求；居住人口结构、居住人数、居住年龄发生变化等。这种类型在改造前要对原有结构进行仔细检查，替换掉破损构件，加入新的空间元素。常常采用以下手法：

①通过增加中庭空间、改变楼梯位置、改变隔墙重新划分空间。

②通过利用垂直空间增加空间面积。

③为了解决某个房间采光较差的问题，在不影响房屋结构、承重等情况下，通过打通房间墙壁或者做一个窗户，再通过玻璃隔断、窗帘等方法保证视觉上该空间的独立。

④除了合理的规划空间和调整房屋布局外，还可以利用家具改善功能空间，比如合理设计多功能家具，巧用家具的折叠性（比如沙发可以变成床，书柜可以拉出来成为书桌）等。

⑤有时候为了与内部功能的调整相呼应，独立式小住宅的建筑外观也会进行调整，以提升外观品味：比如巧用栏杆的材质和色彩对阳台进行变身；利用门廊、踏板、门柱、围墙样式的变化对入口进行变身；利用材质与色彩对墙体进行变身等（图5.3.2）。

（2）居住功能变化，主体结构也可能发生变动

第二种是保留外观，主体结构根据新的要求进行功能变动。一些名人的故居现用作小型纪念馆或者博物馆，比如南大的赛珍珠旧居、文怀恩旧居经过修缮后用作纪念馆（图5.3.3）。还有一部分曾经用于居住的老房子，如今逐渐被人遗弃，但它们跟自然的关系远远要比现代的钢筋混凝土建筑来得和谐、永生，有些甚至代表当地传统的乡村建筑文化，在美丽乡村建设中，这些被改造成民宿的老房子也非常有特点。

5.3.3　改造设计案例分析

1.英国温彻斯特玻璃屋

屋主人希望在保留原有建筑传统的同时，增加一点现代元素。设计师采用玻璃这一材质，不仅带来了良好的采光和视野，也使现代与传统相得益彰。具体改造手法是原有房屋传统红砖墙面，面向花园的C形空间中加建一个干净明亮的玻璃体，用作开放式厨房、餐厅和客厅，并把原有地下室、底层和第二层的楼板部分打通，将人流自然引导入房屋中心的这块引人注目的玻璃空间，阳光透过精巧的玻璃结构投影在整个公共空间，美丽而温馨（图5.3.4—图5.3.5）。

（a）改变阳台颜色与外墙协调

（b）利用竖向板材的构成和效果

（c）改变庭院与入口地面

（d）巧用不同墙面材料

（e）巧用外廊架构

图5.3.2　住宅建筑外观的微调整

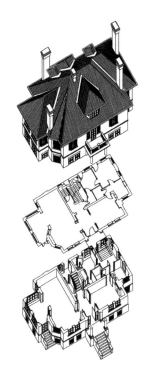

（a）赛珍珠纪念馆

（b）文怀恩故居

图5.3.3　名人故居

图5.3.4　玻璃屋实景图

图5.3.5 玻璃屋二维性技术图

2. 澳大利亚墨尔本 Mash 住宅

Mash 住宅位于澳大利亚墨尔本，在一座拥有两个正面的维多利亚住宅基础上改建而成。它共有三个部分组成：原住宅、新增部分、车库。设计师没有遵循新旧空间融合的传统，而是在两者之间建造一个玻璃通道使之隔而不离，实现房屋的最大开放性（图 5.3.6—图 5.3.8）。

图5.3.6 Mash住宅实景图

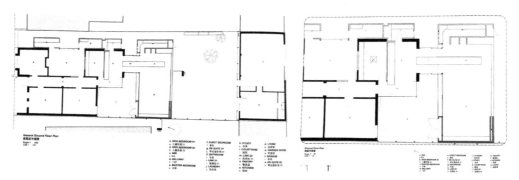

图5.3.7 Mash住宅二维性技术图

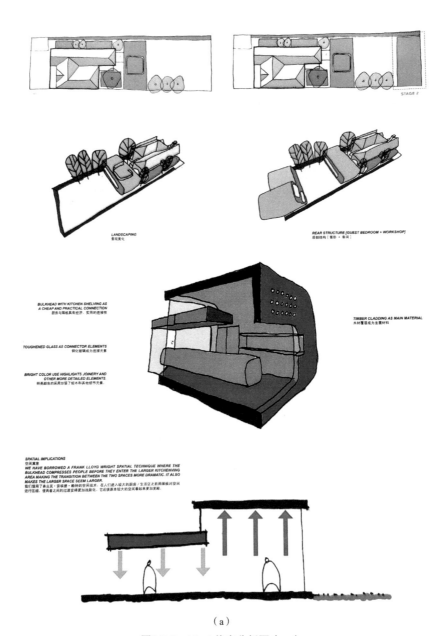

（a）

图5.3.8 Mash住宅分析图（一）

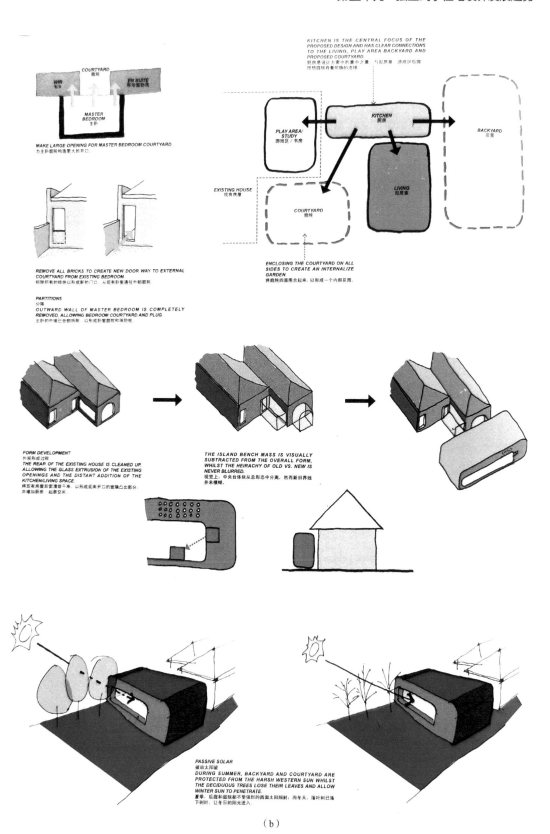

KITCHEN IS THE CENTRAL FOCUS OF THE
PROPOSED DESIGN AND HAS CLEAR CONNECTIONS
TO THE LIVING, PLAY AREA BACKYARD AND
PROPOSED COURTYARD.
厨房是设计为案中心之重，与起居室、游戏区后院
提地庭院有着明确的连接

COURTYARD
庭院

WIR
衣帽间

EN SUITE
套内主卧卫生间

MASTER
BEDROOM
主卧

MAKE LARGE OPENING FOR MASTER BEDROOM COURTYARD
为主卧庭院构造更大的开口。

PLAY AREA/
STUDY
游戏区 / 书房

KITCHEN
厨房

BACKYARD
后院

EXISTING HOUSE
现有房屋

COURTYARD
庭院

LIVING
起居室

ENCLOSING THE COURTYARD ON ALL
SIDES TO CREATE AN INTERNALIZE
GARDEN
将庭院四面围合起来，以形成一个内部花园。

REMOVE ALL BRICKS TO CREATE NEW DOOR WAY TO EXTERNAL
COURTYARD FROM EXISTING BEDROOM
拆除所有的砖块以形成新的门口，从现有卧室通往外部庭院

PARTITIONS
分隔
OUTWARD WALL OF MASTER BEDROOM IS COMPLETELY
REMOVED, ALLOWING BEDROOM COURTYARD AND PLUG.
主卧的外墙已全部拆除，以形成卧室庭院和插孔桩

FORM DEVELOPMENT
外观形成过程
THE REAR OF THE EXISTING HOUSE IS CLEANED UP,
ALLOWING THE GLASS EXTRUSION OF THE EXISTING
OPENINGS AND THE DISTANT ADDITION OF THE
KITCHEN/LIVING SPACE.
将现有房屋后部重清理干净，以形成现有开口的玻璃凸出部分，
并增加厨房、起居空间。

THE ISLAND BENCH MASS IS VISUALLY
SUBTRACTED FROM THE OVERALL FORM,
WHILST THE HEIRACHY OF OLD VS. NEW IS
NEVER BLURRED.
视觉上，中央台体块从总形态中分离，然而新旧界线
并未模糊。

PASSIVE SOLAR
被动太阳能
DURING SUMMER, BACKYARD AND COURTYARD ARE
PROTECTED FROM THE HARSH WESTERN SUN WHILST
THE DECIDUOUS TREES LOSE THEIR LEAVES AND ALLOW
WINTER SUN TO PENETRATE.
夏季，后庭和庭院都不受强烈的西面太阳照射；而冬天，落叶树已落
下树叶，让冬日的阳光进入。

（b）

图5.3.8　Mash住宅分析图（二）

3. 澳大利亚墨尔本 HOUSE 住宅

HOUSE 住宅在两座原有维多利亚式排屋的基础上改建而成，通过构造两个隔开的构架，避免挤压或者复制原有建筑。在建筑新构架中玻璃的位置可以通过旋转楼梯自由上下，设计师用一条走廊将两座建筑镜像般连接起来，并把两个后院合并为一个小花园，底层餐厅空间的侧板可以全部打开，保证建筑这个层面上所有空间的连通性（图 5.3.9—图 5.3.11）。

图5.3.9　HOUSE住宅外观实景

图5.3.10　HOUSE住宅二维性技术图

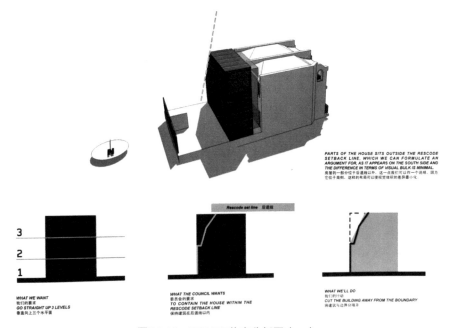
图5.3.11　HOUSE住宅分析图（一）

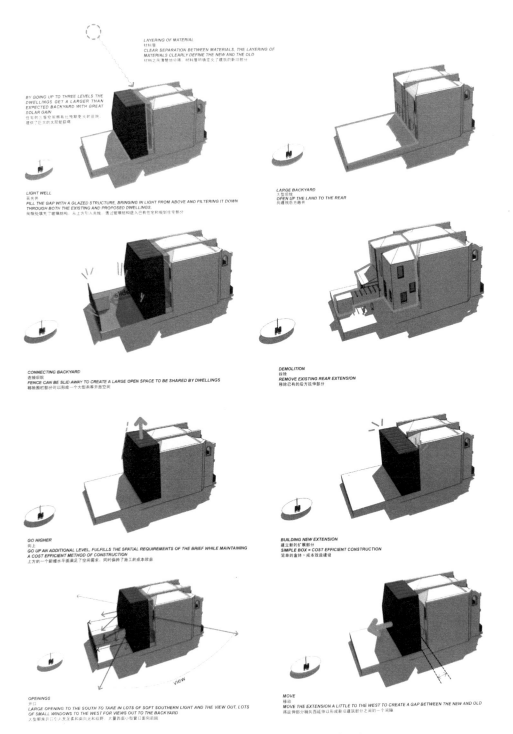

图5.3.11　HOUSE住宅分析图（二）

4. 荷兰诺德韦克 N 住宅

这座位于诺德韦克海滨的 N 住宅原建于 1938 年，改造设计过程中设计师在尊重原有特点的基础上，也给建筑带来了新的特性。新扩建的客厅三面通高玻璃一直延伸到花园，视线和关系都最大化。客厅的扩建部分和新厨房一样都有玻璃细缝与现有结构分开。重新定制的螺旋楼梯优美地连接着顶端。整个建筑新与旧和谐共处（图 5.3.12—图 5.3.15）。

图5.3.12　N住宅外观实景

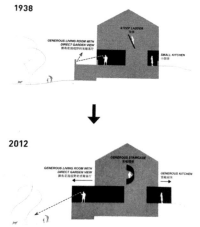

图5.3.13　N住宅分析图

图5.3.14　N住宅局部实景

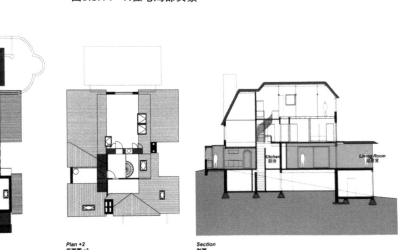

图5.3.15　N住宅二维性技术图纸

5. 上海微光之宅

微光之宅是上海历史街区中一个小住宅改造项目。它建于 20 世纪 60 年代，总建筑面积 200 平方米。整个建筑坐北朝南，外墙和屋顶基本保持原状。建筑东立面朝向街道，去掉雨篷、管线等杂乱构件，重新进行单色粉刷。干净而朴素的暖白色墙面衬托出电线和附属设施，如同画布上的装置艺术生动而有趣。唯一新增的修饰是黑色倾斜的不锈钢板方窗套，代替传统窗台鹰嘴，以解决下雨时排水的问题。还有几处被替换成宝蓝色的玻璃窗，在夜晚透出一些不同的彩色微光。微光宅邸在窗套、窗框、雨篷、水管、檐下、线脚、内凹墙面、地面等大部分需要强调的地方沿用黑色，与整个街区的风貌取得协调。[1]

微光之宅的南侧是 8 米见方庭院，建筑首层向南是客厅和餐厅，二层是两间卧室，其上是两扇老虎窗和坡屋顶下的阁楼空间，用作主卧与书房。整个庭院介于日式庭院的简约和中式园林的丰富之间。无论庭院还是建筑立面，都呈现出克制的朴素和平凡。建筑南立面同样是暖白色的朴素粉刷，配以同样下斜的黑色金属窗套。首层客厅以浅浅的门廊朝向庭院。改造后 L 形黑色不锈钢雨篷兼作门套，连接南向的门廊和西向的院门，成为客厅对景的边框。二层阳台内侧墙刷成黑色，配合阳台栏板上原有的三个黑色混凝土花格，成为立面的视觉焦点。屋顶老虎窗与原状相比缩进一个大窗台，内嵌黑色钢板，增加立面层次感。整个建筑室内改造最大的变化，是扩大客厅和餐厅之间的门洞，使两者连成一整个空间，并将庭院、客厅和餐厅连为一体。唯一特殊的设计，在于阁楼两处老虎窗的内侧，采用与室外一致的黑色不锈钢板衬里，外山墙面是五边形透明度可变的玻璃窗，内侧是坡屋顶切割出的斜五边形截面，三者形成如钻石般发光的棱面空间（图 5.3.16—图 5.3.18）。

整个改造最复杂的地方，实际上在于结构和热工设计。因为是 20 世纪 60 年代的老宅，已经到了 50 年的设计寿命。其结构安全性和保温隔热性能都有很大不足，原有的钢门窗和水电设施也完全不能达到当前的建筑标准。为了保持整体建筑的原貌，不能改变外观和主体结构，宅邸的结构加固设计和施工实际上进行了非常复杂而谨慎的操作，几乎给整个建筑内部嵌套了一层内置的结构加固体系，对梁、柱、墙、楼板整体进行了强化，以确保结构安全。建筑的热工性能对实际生活品质和节能环保有重要的意义。同样因为不能够对建筑外部进行大改，在建筑内部又增加一整套完善的内保温系统，与结构加固系统和新的门窗管道设备系统紧密结合。

6. 大乐之野莫干山碧坞一号楼

乡村振兴的背景下，民宿改造与设计是一种新兴的建筑设计类型。早在 20 世纪 60 年代，民宿就在欧美发展起来了。我国的民宿最早缘于台湾地区，随着当前乡村振兴政

---

1. 因为当时的技术有限，黑色油漆便宜简单，整个上海民国时期的金属门窗和其他金属构件多为黑色，形成一种民国的特色。现在的上海历史街区则将其作为一种历史传统和素雅的审美标准。

（a）朝向街道的东立面　　　　　　　　　（b）朝向庭院的南立面

图5.3.16　不同朝向的立面

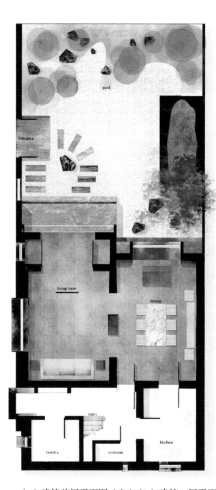

（a）建筑首层平面图（左）；（b）建筑二层平面图（右上）；（c）建筑三层平面图（右下）

图5.3.17　建筑二维性技术图纸

（a）书房的老虎窗（左）；（b）客厅与入口的联系门廊（右上）；（c）扩大的餐厅（右下）

图5.3.18　建筑室内外局部实景

策的大力推行，民宿酒店作为国内建筑市场中的后起之秀，逐渐受到关注。

　　民宿改造与设计，旨在利用自由乡村住宅，结合当地乡村旅游资源特色，对独立式的乡村住宅进行结构加固、平立面调整与修缮，使之与周围环境相协调，并能使旅游者深入体验当地的自然环境和人文风俗。

　　大乐之野莫干山碧坞一号楼位于莫干山深处的碧坞村。该地区地理位置优越，自然条件得天独厚，人文历史源远流长。改造设计中沿用传统特色建筑，依托自然人文资源，通过精巧的空间设计，实现优越的景观渗透。原有住宅建筑为砖木结构，设计与施工中保留下原有的木构屋架与柱子，对墙体与楼板进行钢筋拉固，附墙加固，增加附壁柱、扶壁垛等。根据功能流线分析，调整了楼梯位置。在平面设计中，根据使用需求，保留了厨房与洗浴间，缩小堂屋，依托原有结构框架分割出配有独立卫浴的多间客房，入口门厅、微客厅作通高处理，并增设活动室与东南侧庭院。立面改造方式主要为外墙粉刷并对门窗进行了替换，门窗套选用黑色，门窗框沿用木材质，增加了落地窗扇，丰富了建筑立面的虚实关系，同时为门厅与客厅创造更好的景观视野（图 5.3.19—图 5.3.22）。

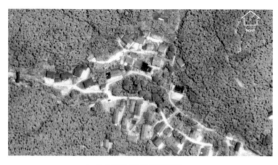

（a）碧坞村鸟瞰实景图　　　　　　　　　（b）碧坞村实景照片

图5.3.19　基地环境实景图

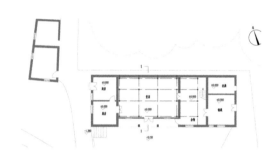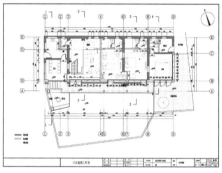

（a）碧坞村一号楼改造前一层平面图　　　　（b）碧坞村一号楼改造后一层平面图

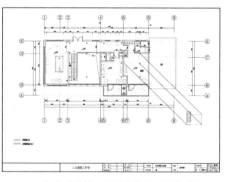

（c）碧坞村一号楼改造前二层平面图　　　　（d）碧坞村一号楼改造后二层平面图

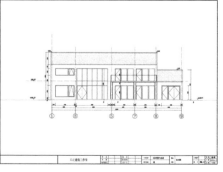

（e）碧坞村一号楼改造前南立面图　　　　　（f）碧坞村一号楼改造后南立面图

图5.3.20　碧坞村一号楼二维性技术图纸

图5.3.21　施工现场照片

图5.3.22　建成前后对比照片

5.4　其他技术发展趋势

还有绿色科技住宅、无添加住宅、智能化住宅（SMARTHOME）、3D打印住宅、养老住宅等发展趋势。

5.4.1　绿色科技住宅

绿色科技住宅有着明确的规定标准：一年四季的湿度恒定在舒适的55%左右；温度恒

定在 22℃左右；含氧量保持在 21% 以上；绿色低碳，节能率达 65%。这也是住宅达到舒适和健康的指标，总结起来就是通过科技手段实现恒温、恒湿、恒氧和节能。这样说来，绿色科技住宅不仅成为潮流趋势，还会成为必需，那么，如此美好又理想的居住环境是如何实现的（图 5.4.1）。

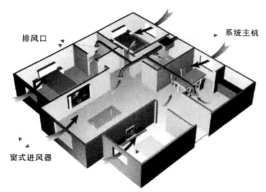
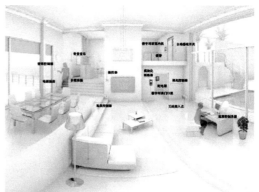

图5.4.1　绿色科技住宅居住环境示例

1. 恒温

主要采用地源热泵技术和天棚辐射系统实现，如植物脉络般的毛细管网辐射系统铺设在室内的顶棚和地面，通过制冷、制热技术保持室内温度均匀，稳定在 18—26℃的范围，而且不会有吹风感，避免了空调直吹造成的不舒服。

2. 恒湿

主要采用全置换新风系统实现，将室内的湿度稳定保持在 40%—60%，这样家里就不会因为梅雨天高温潮湿而发生霉变，也不会因为冬天光照减少而产生干燥、阴寒的感觉，不管是在哪个季节，都可以保持干爽舒适，尤其对于有风湿关节痛的老年人来说简直就是福音。

3. 恒氧

同样也是通过全置换新风系统实现，对空气中的 PM2.5、室内的二手烟和甲醛等污染物高效过滤，并且实现整屋定时换气，在进行空气循环的同时完成空气净化，保持室内空气清新，雾霾天来临就可以放心宅在家里。

4. 恒静

采用厚实严密的维护结构，以及中空的玻璃门窗阻挡外界噪声，同时减少了室内制冷、制热机器设备带来的噪声影响，使得家里更为安静，晚上也就可以睡得更为香甜。

5. 适光

主要是在建筑外侧安装遮阳卷帘，可随心调节光线，防止强光辐射给人体带来负面影响，从而让居家环境真正地理想化。

5.4.2　无添加住宅

入住新装修的房屋很容易让人身体不适，包括头痛，眼、鼻刺激反应，干咳，皮肤干燥或发炎，头晕及恶心，呼吸困难，疲劳及对气味过敏等。这都是因为装修用的材料和胶粘剂含有大量有害物质，即使过了很多年，其在空气中的浓度仍不能完全消散，对人体健康构成长期威胁。

无添加住宅主要借鉴传统建筑方法和用料，回归自然，追求无添加的家居，我们发现古人的智慧不单在今天仍然适用，而且更令现代人赞叹佩服。我们相信这是最好的对策。提出无添加住宅的初衷，就是不使用化学胶粘剂等对人体有害的建筑材料建造房屋。无添加住宅的主要产品包括无添加壁材、天然木材、天然石材、柿子汁、断热材料和米糊，它们均来源于自然，不添加任何化学物质，实现了真正的无甲醛零添加（图5.4.2）。

图5.4.2　无添加住宅

5.4.3 智能化住宅

随着科技的发展,智能化在建筑中的运用已成常态。智能化在住宅中的运用主要体现在对空间的灵活布置,使空间具有高度的复合性,从而解决了目前年轻群体的居住问题。智能化住宅主要依托智能化调控,通过机械式楼板调节层高,以适应不同的功能使用模式下的空间需求。通过自动化隔板与可移动家具增加空间的灵活性和开放性,从而提高空间的利用效率。通过太阳能板提供能源供给,有效降低建筑能耗,增加建筑的可持续性。以下通过几个实例来说明智能化住宅的类型。

1. 百变智居 2.0

百变智居位于上海,是于2017年由集装箱改造的住宅。建筑师通过智能化的控制系统、模块化的装配方式,打造出高度复合的空间形式。住宅共由四个集装箱组成,受面积的限制,建筑师提出"时间换空间"的设计思路,根据不同时间的使用功能灵活布置空间,满足不同使用场景的需求,演化出不同的空间利用模式。通过自动移动的隔墙、灵活翻转的楼板空间,提高了空间利用率。同时,模块化的建造方式有效缩短了工期(图 5.4.3)。

图5.4.3　百变智居2.0

2. 六居室

这间在 $20m^2$ 的基础上改造的六居室位于北京。由于狭小的空间无法满足基本的功能需求,建筑师开创性地使用了可移动的机械楼板,使空间成为功能灵活的六居室。在层高上,两个不同高度的楼板通过自动控制高度形成不同的标高变化,从而满足多种功能需求。基于标高的变化，可移动的隔板与可翻折的家具使内部空间灵活布置，形成六种居住模式，包括起居、健身、电影、睡觉、居住以及书房模式，智能化的控制使模式间的转化便利（图 5.4.4）。

3. 绿色凹宅

这座全太阳能的绿色凹宅（E-CONCAVE），由 SCUT 设计，位于山西省大同市御东新区，总面积 864m²。基于对可持续与生态建筑的探索，打造出这座能源自给的住宅项目，有效减少了能耗。基地面积 24m²。

在平面布局上，场地被分为面向农场的开放空间与住宅空间，利用 H 形的灰空间形成柔和的过渡界面。建筑墙体厚 424mm，保温隔热性能良好。室内家具采用智能控制的方式，形成灵活多变的空间。中庭的设计结合景观，利用被动式节能降低建筑的能耗（图 5.4.5）。

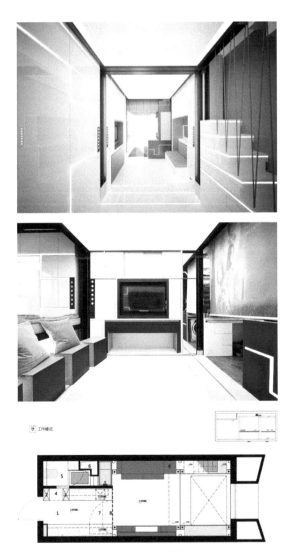

图5.4.4 六居室

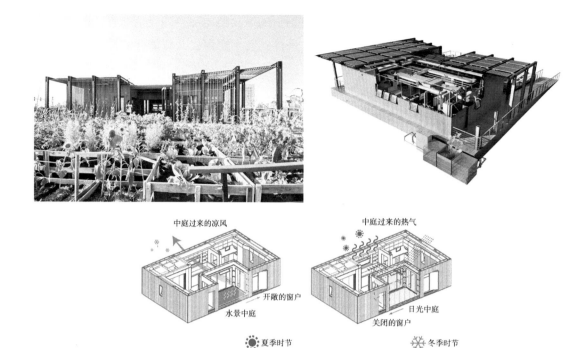

中庭过来的凉风　　　　　　　　中庭过来的热气

开敞的窗户　　　　　日光中庭

水景中庭　　　　　关闭的窗户

夏季时节　　　　　　　　　冬季时节

图5.4.5　绿色凹宅

4. MISA工作室

这座由旧厂房改造而来的MISA工作室位于浙江杭州,总面积600m²,于2016年8月落成。建筑师保留了原有的框架结构,重新划分内部空间,并利用自动化的隔门系统构成灵活的空间形式。原有的建筑空间是一个货运通道,为钢结构的轻质顶棚,平面空间为长方形。通过置入的长方形盒子,建筑被分为三层,并加入两个院落空间,形成对不同功能空间的分隔。通过巨大的自动移门,保证了建筑空间的私密性(图5.4.6)。

图5.4.6　MISA工作室

5. W.I.N.D. 住宅

这座智能家居住宅，位于荷兰 Noord-Holland，由 Ben van Berkel 率领 UNStudio 设计。建筑师运用智能化的设计理念，为住宅打造一体化的家居系统，利用适应性极强的平面布局贴合自动化的电器设备，同时使功能布置更加灵活（图 5.4.7）。

住宅采用花瓣形平面，将内部空间划分为四个部分，中间核心区布置为开放式的楼梯，连接起采用错层布置的四个部分。整个住宅内部的电器系统采用全自动的方式，由中央触摸屏和每个房间的分散设备共同控制，实现家居的智能化。太阳能监管系统和中央热控系统的智能化控制极大地减小了建筑的能耗，实现了可持续的居住空间。

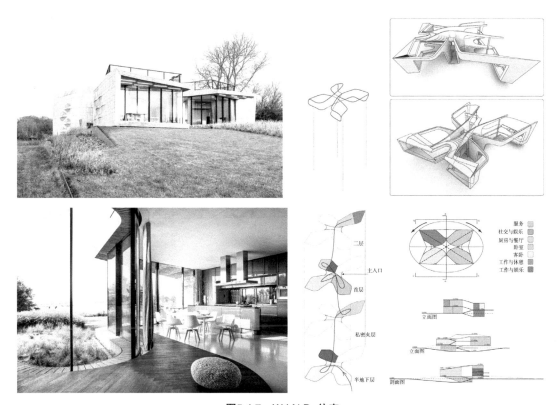

图5.4.7　W.I.N.D. 住宅

5.4.4　3D 打印住宅

和传统的建筑相比，3D 打印的一大优势在于：又快又省钱。同样是建设 2 层高的建筑，传统方法要用一个多月的时间，而 3D 打印几个小时就能开发完成。根据测算，这种打印速度比传统的建筑方式可节约工期 60%—70%、节约建筑材料 50%—60%、节约人工 70%—80%。

打印建筑的流程是连续的。整个打印过程如下，只需要一张图纸、一台电脑、就地取材制造的"油墨"足矣。

1. 首先喷嘴将"墨水"胶粘剂浇洒到数据对应的那些区域，浇到"墨水"的地方，沙石材料会在 24 小时内完成固化。

　　2. 整个打印从底部开始，逐层往上，每次升高 5—10mm。一只巨大的喷头，像奶油裱花一样源源不断地喷出灰色的油墨，油墨呈 "Z" 字形排列，层层叠加，很快便砌起了一面高墙。

　　3. 之后墙与墙之间还可以像搭积木一样垒起来，再用钢筋水泥进行二次 "打印" 灌筑，连成一体。

　　人们最关心的还是 3D 打印住宅的安全性能。房子归根结底是让人住的，房屋的安全性至关重要。按照我国的现状，一般住宅产权是 70 年，那么 3D 打印出来的房子能不能够达到传统建筑方法的技术指标？经过特殊玻璃纤强化处理的混凝土材料，其强度和使用年限大大高于钢筋混凝土。另外，为使部件的重量相对较轻，房屋采用了空心墙体。电脑制作的 3D 模型为此提供样板，操作人员可以预留门窗等部件的位置，水电等管线可以在空心墙体中自由布置。空心墙体的优势在于：不但大大减轻了建筑本身的重量，建筑商还可以在其空空的 "腹中" 填充保温材料，让墙体成为整体的自保温墙体；通过不同需求，可任意设计墙体结构，预留梁与柱浇筑的空间，一次性解决墙体的承重结构问题。3D 打印出来的建筑，比传统建筑要轻 50%，自然也更加牢固（图 5.4.8）。

图5.4.8　3D打印住宅

5.4.5　养老住宅

随着全球社会老龄化趋势，养老住宅的需求越来越大。养老住宅需要满足以下条件（图 5.4.9）。

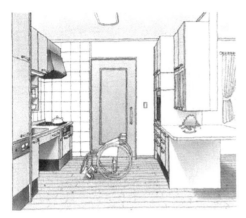

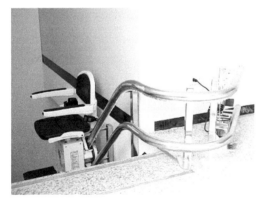

图5.4.9　养老住宅

1. 无障碍空间

（1）没有台阶、错层、沟沟坎坎的地面通行障碍，推拉门采用吊轨式或隐藏地轨；

（2）通畅的动线，计算从 A 点到 B 点的最优化路线，不用隔断或使用活动式隔断；

（3）比正常尺寸更宽的门，便于轮椅等通过；

（4）比普通卫生间和厨房更宽的可活动区域；

（5）防滑地面；

（6）墙面的阳角做圆角处理，墙面除扶手外无明显突出物；

（7）家具也以圆角或流线造型为佳。

2. 方便起居

（1）卫生间在卧室内或挨着卧室；

（2）床的高度在 40—45cm，过高过低对老年人来说上下床都很吃力；

（3）如果是两位老人同时居住在一间卧室，最好分床；常用储物高度在距地面 50—170cm，弯腰踮脚对老人来说也是比较费劲的事情；

（4）多采用可升降推拉式的设计，不仅能保证使用的便利，也能保证空间的通畅；

（5）有楼梯的家庭可以选择安装自动上下楼梯的装置；

（6）扶手：重点安装区域为卫生间、卧室，以及老人需要的任何地方，扶手以 U 形圆管为佳；

（7）淋浴区设置座椅，若需要浴缸则使用可侧开门式；

（8）厨房橱柜根据老人身高采用两种不同的高度：一种是站着的台面；另一种是坐着的台面。并且在部分橱柜下方设置空位；

（9）比正常衣柜和橱柜及冰箱深度窄 5cm 的柜体；

（10）比正常高度略低的开关，以及根据需要设置的插座。

3. 智能设备

（1）老人记忆力不好，对操作过于复杂的设备难以适应，万能遥控器很有必要；

（2）自动断电系统及各种有智能保护装置的电器，例如火灭了会自动断气的燃气炉等；

（3）床头呼叫设备；

（4）恒温系统；

（5）智能照明：声控或光控灯的使用，以及夜间常明的小地灯。

4. 身心健康

（1）保持室内光照温和，不过于刺眼和昏暗；良好的通风及温度和湿度；

（2）为老人的爱好保留一块区域，如养花、宠物、喝茶、下棋等；

（3）保证从室内至电梯及小区户外的无障碍通行，方便出入及联络社区朋友；

（4）互联网络，保证不能出门的老人也能进行适度的人际交流。

单元任务 1

1. 任务内容

独立式小住宅改造设计（以小组为单位）

（1）学生对既有已完成的独立式小住宅设计方案进行改造设计,拟定功能改造任务书;

（2）在设定的任务书改造功能框架下，以小组为单位进行改造设计，使建筑的使用环境更舒适合理，外观更具特色，同时更符合现代节能低碳的绿色建筑设计理念。

2. 任务要求

（1）改造前的现状分析：平面图、造型、改造意向

（2）改造后的图纸：

①A2图纸；电脑绘制；

②平面图（各层平面图）、立面图（至少两个立面图）、剖面图（至少一个剖面图）1：100；

③总平面图1：300—1：500；

④经济技术指标、分析图、设计说明。

3. 任务目标

（1）知识模块

①了解当今改造设计的相关背景与基本方法；

②初步掌握住宅改造设计的设计思路与基本手法。

（2）技能模块

①初步掌握改造设计的现状分析方法；

②改造设计的方案表达。

（3）思政模块

①改造以小组为单位，培养学生小组协作精神，学会与人合作；

②城市更新和既有建筑改造是探索城市更新的路径和机遇，未来的建筑设计必须遵循广义的生态理念，探索城市更新时代下的新业务和新模式，城市、文化、产业与人的融合共生成为城市更新的大势所趋；

③关注乡村振兴战略，引导学生以民宿改造为出发点，拓展面向新时代乡村振兴战略的新思维。二维码（独立式小住宅设计——课程思政案例视频2：建筑设计与团队合作）。

单元任务 2

1. 任务内容

装配式住宅设计（集装箱、装配式模块化）（以小组为单位）

（1）集装箱式小住宅设计

以 20 英尺（ICC）或 40 英尺（IAA）标准海运集装箱为基础建筑载体，搭建组合功能合理的独立式居住建筑体。组合搭建的材料要求能够植入集装箱中，不能超出容积范围，把箱体作为建筑设计的组成部分，建筑面积控制在 $200m^2$（±10%）之间，具体要求如下：

①功能合理，空间组织及形体表现居住建筑的特点；

②处理好建筑物与自然环境、人文环境的关系；

③立面与造型宜富有变化，提高建筑的视觉性与艺术性；

④建筑结构利用集装箱本身的箱框结构体系；

⑤建筑层数不高于 3 层；

⑥采用天然地基为基础。

（2）装配式模块化小住宅设计

①建筑功能布局合理，美观新颖实用，构件标准化程度高，便于工业化生产和运输。建筑面积控制在 $200m^2$（±10%）之间；

②结构采用轻重钢结合。钢柱尺寸为 250mm×250mm 的建筑功能包括：2 个或 2 个以上卧室、厨房、客厅、卫生间等。建筑外墙要求使用 jsc 专利墙板，板厚 180mm，板的长宽不应超过 5m。该墙板重量是普通混凝土墙板的 1/3。房间模数设置合理，能根据不同的地形和居住要求进行合理组合，考虑模块间的连接方式，便于组装和拆卸；

③装配式内装设计，墙面、地面、顶棚都需结合装配式内装修的特点进行设计，卫生间和厨房设计考虑同层排水，装配式墙板每块宽度按 600mm 设计，高度与净高相同。人性化的室内设计，布局合理，考虑无障碍设施，采用符合环保要求的装配式室内装饰材料，保持室内的温度、湿度和光环境达到人体舒适度要求。

2. 任务要求

（1）CAD 图纸一套，含有建筑平面、立面、剖面等图。3D 模型：SU、revit 或 3Dmax 完整建筑模型，包含至少一张室内图纸和一张室外图纸。

（2）图纸内容（A2 展板和电子文本）：

①总平面图，1：500

②各层平面图，1：100

③纵横 2 个剖面图，1：100

④分析图纸若干张

⑤设计说明及技术经济指标

⑥效果图（SU 模型渲染图若干张）

3. 任务目标

（1）知识模块

①了解当今独立式小住宅设计技术发展趋势；

②掌握装配式住宅设计的基本方法与设计思路。

（2）技能点模块

①重点培养学生对于装配式模块化住宅建筑设计思路与方法的了解和应用；

②以竞赛形式在校企双方协同教学中对设计成果进行选比，以赛促教，让学生掌握建筑设计行业设计新趋势。

（3）思政模块

把握市场发展新动向，了解住宅新技术趋势，培养学生勇于探索，不断创新的精神。

第六单元　学生作业选集

6.1　前期任务——我爱我家之自宅测绘

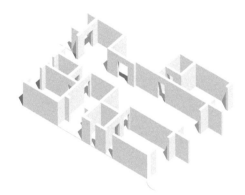

设计说明

建筑年代：2010

建筑面积：199 m²

建筑结构：钢筋混凝土

建设地点：河南省濮阳市华龙区人民路 53 号

建筑空间布局特点：南北通透、主次分明、整体方正、动线合理

我爱我家之自宅测绘

一层平面图 1：100

姓名：宋安龙

学号：20181093

班级：建筑设计一班

图6.1.1　我爱我家之自宅测绘（1）

设计说明

建筑结构: 钢筋混凝土

建筑面积: 142 m²

建筑年代: 2015年

建筑地点: 山东省巨野县人民路

建筑空间布局特点: 南北通风,主次分明,整体方正,动线合理

我爱我家之自宅测绘

su模型

效果图

姓名: 张浩

学号: 20181541

班级: 建筑设计一班

平面图

图6.1.2 我爱我家之自宅测绘 (2)

作业点评: 以上作业是学生在进行独立式小住宅建筑设计之前, 对自己所居住的住宅进行测绘与空间分析。在熟练掌握 CAD 绘图基本技巧基础上, 进一步规范建筑平面制图。在空间建模的基础上利用"酷家乐"等软件, 对住宅室内进行效果图渲染, 通过可视化的模型初步理解居住建筑的功能组合与流线组织方式, 为后期建筑设计奠定基础。

6.2　文献与案例调研

布拉斯住宅 BRAS
Brass Residence

在自然景致中勾勒一处烟火

Sketch a fireworks in the natural landscape

分析人：赵宇航 2019:294

Catalog

1. 建筑设计公司及设计师
   Architectural design company and designer

2. 建筑概况
   Building overview

3. 区域分析
   Regional analysis

4. 平面分析与功能组织
   Plane analysis and functional organization

5. 交通流线分析
   Traffic flow line analysis

6. 空间与体块分析
   Space and volume analysis

DDM建筑事务所
DDM Architectuur

公司位置： 比利时科特赖克
Company location: cortrek, Belgium

主创建筑师: Dirk De Meyer
Principal architect

建筑设计公司及设计师
Architectural design company and designer

建筑设计公司
主创建筑师

BRAS共有3层，地下一层地上二层
BRAS has three floors, one underground and two above ground

规模在1000m² 左右
The scale is about 1000 square meters

坐落在郁郁葱葱的绿色土地上，毗邻
安特卫普郊区旧地段中间的一个池塘
Located on lush green land, adjacent to a pond in the middle of
an old lot on the outskirts of Antwerp

现如今无人居住归安特卫政府所有
Now it's owned by the Antwerp government

区域分析
Regional analysis

总平面图外景分析
主层平面图室内分析
场地分析

图6.2.1　文献与案例调研（1）（一）

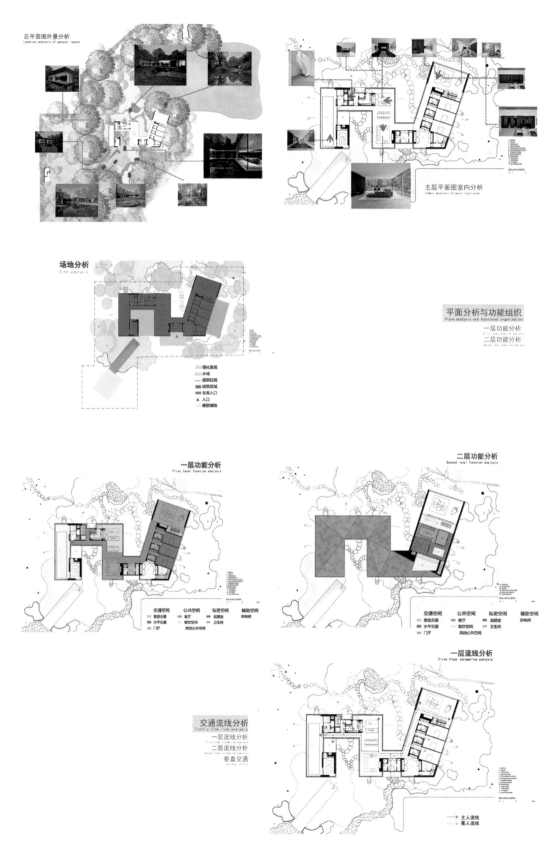

图6.2.1 文献与案例调研（1）（二）

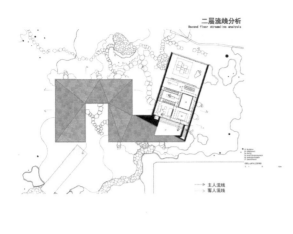

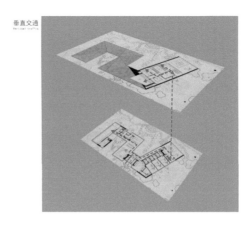

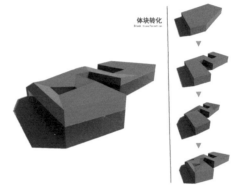

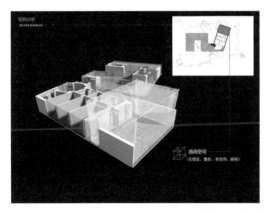

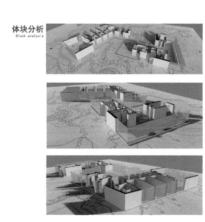

图6.2.1　文献与案例调研（1）（三）

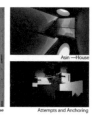

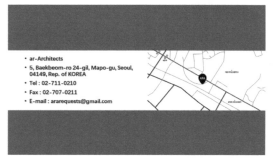

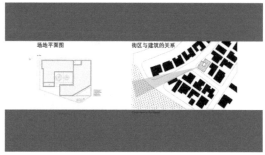

图6.2.2　文献与案例调研（2）（一）

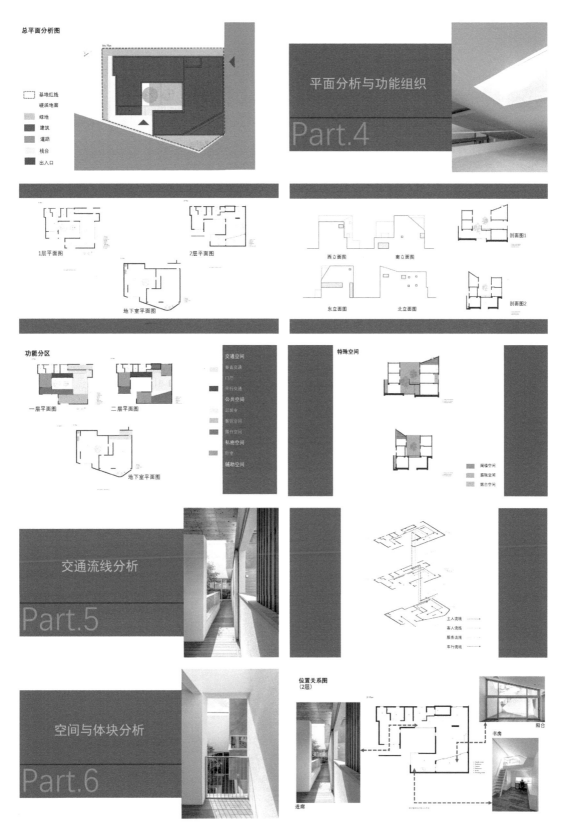

图6.2.2 文献与案例调研（2）（二）

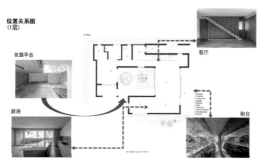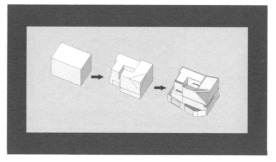

图6.2.2　文献与案例调研（2）（三）

作业点评：以上作业是学生文献与案例调研作业文本，学生选择自己喜欢的建筑师或者设计公司的独立式小住宅作品案例，并进行基础资料的收集。在此基础上从场地、功能、流线与空间体块等方面对该建筑设计作品进行深入分析。学生对案例的解读准确，图纸表达精细，为其后续自己进行独立式小住宅建筑设计奠定基础。

6.3　基地分析与业主定位

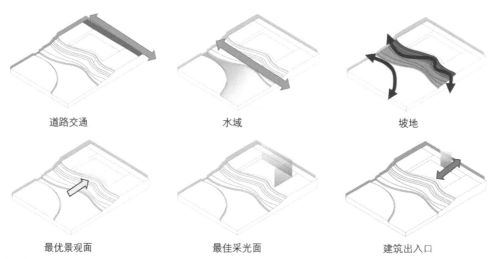

使用者：*设计师夫妇*
爱好：*摄影、游泳、听歌、画画、对蓝色情有独钟，向往田园生活*
要求：*闹市中的安宁*

图6.3.1　基地分析与业主定位（1）

作业点评：以上作业所选取的表达方式为三维形式，对基地进行了基础建模，直观展现了地形、交通、景观条件等要素。

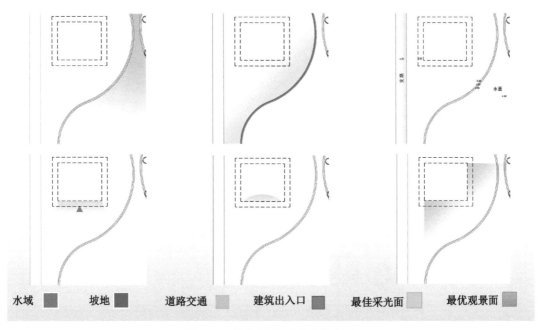

图6.3.2　基地分析与业主定位（2）

作业点评：以上作业所选取的表达方式为平面形式，以简洁抽象的符号进行基地分析。

6.4　方案构思过程草图

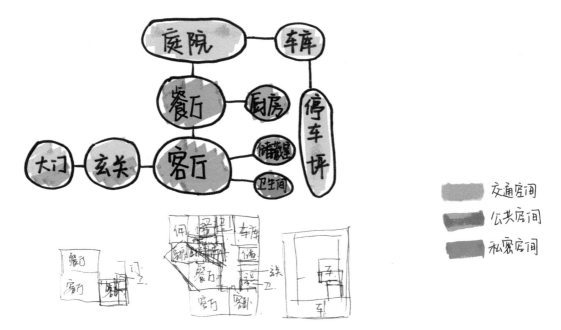

图6.4.1　独立式小住宅建筑设计气泡图

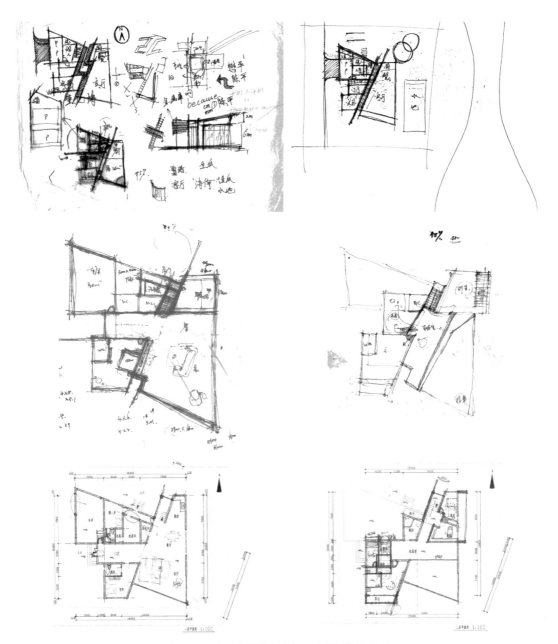

图6.4.2 独立式小住宅建筑设计草图推演（1）

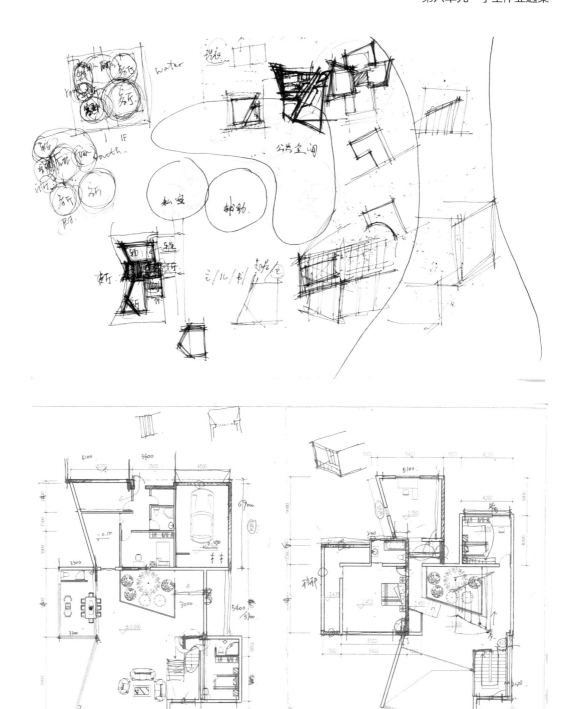

图6.4.3 独立式小住宅建筑设计草图推演（2）

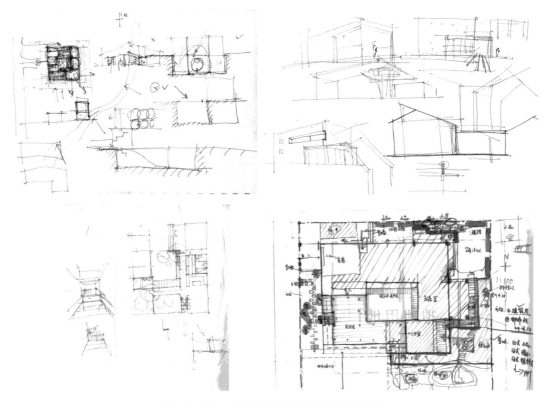

图6.4.4　独立式小住宅建筑设计草图推演（3）

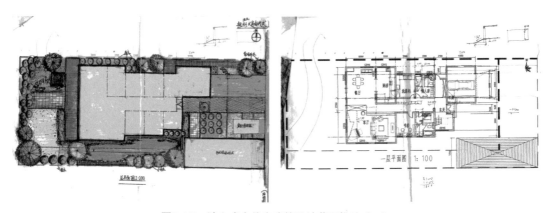

图6.4.5　独立式小住宅建筑设计草图推演（4）

　　作业点评：以上是学生独立式小住宅建筑设计的设计概念草图，反映出学生在设计之初对功能、流线、基地周边关系的思考。借助气泡图的绘制，进行功能分区与流线组织，进行建筑设计构思和方案推演，为后续 CAD（或 BIM）以及最后的方案表达奠定基础。

6.5　方案表达

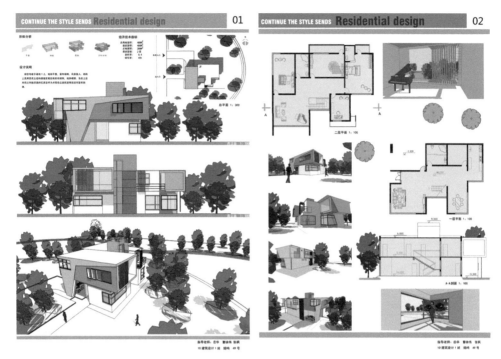

图6.5.1　独立式小住宅建筑设计方案图（1）

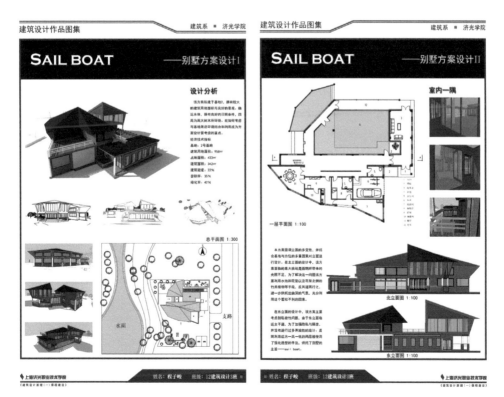

图6.5.2　独立式小住宅建筑设计方案图（2）（一）

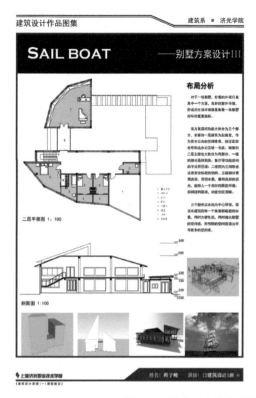

作业点评:

图6.5.2所示的独立式小住宅采用帆船造型,借助中心水池的设置把住宅空间分成三个部分,营造出一个理想的居住环境。住宅功能分区明确、造型丰富,复杂的屋顶结构关系还有待深化,指标计算上还有些问题。

图6.5.2 独立式小住宅建筑设计方案图(2)(二)

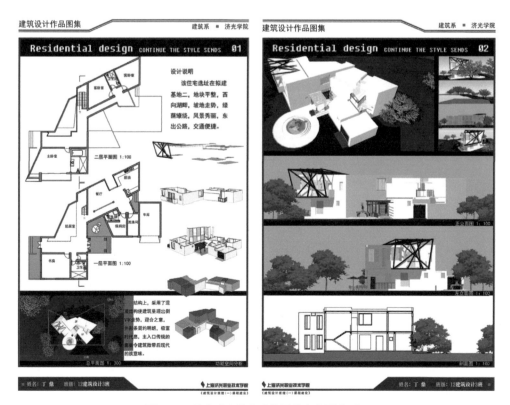

图6.5.3 独立式小住宅建筑设计方案图(3)

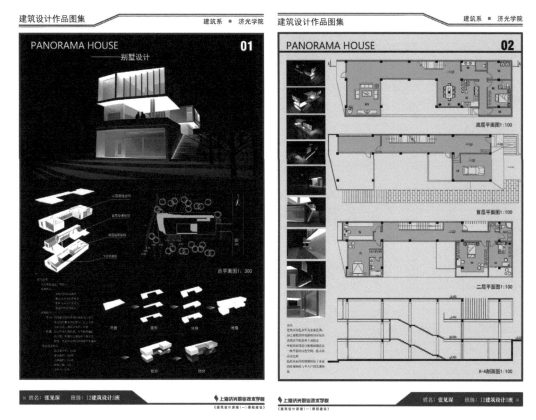

作业点评:

　　图 6.5.4 所示的独立式小住宅设计结合狭长地形,把建筑体块处理成盒子的叠加。住宅功能分区明确,通过中部的入口层可以直达临湖的大平台,向上一层是通往卧室区域的私密空间,向下接近湖面的底层是客厅等公共空间。整个建筑造型现代、简洁,其端部临湖面出挑深远,可览外部美景,中部设有下层式的庭院,营造出一个南向温暖的内部空间。

图6.5.4　独立式小住宅建筑设计方案图（4）

图6.5.5　独立式小住宅建筑设计方案图（5）

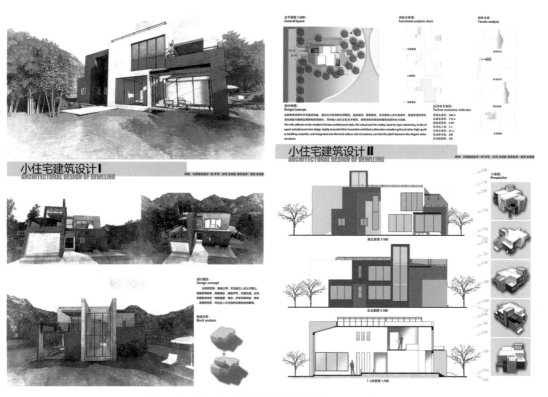

图6.5.6　独立式小住宅建筑设计方案图（6）（一）

作业点评：

　　图 6.5.6 所示的独立式小住宅设计通过平面中部的玄关和客厅空间的通高处理，把住宅公共、私密、服务等几大空间自然区分。整个建筑造型体块凹凸有致，红砖与粉墙搭配得当。住宅内部空间变化丰富，建筑表现上也开始注重对环境的处理。

图6.5.6　独立式小住宅建筑设计方案图（6）（二）

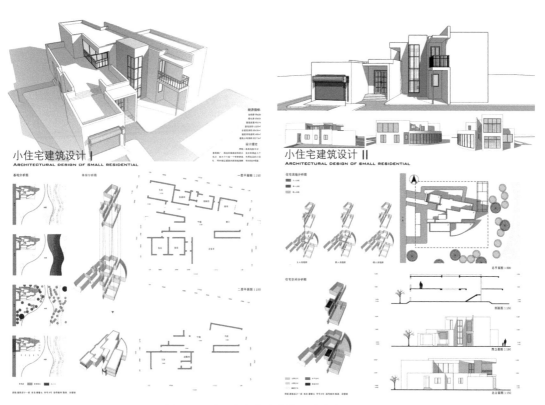

图6.5.7　独立式小住宅建筑设计方案图（7）

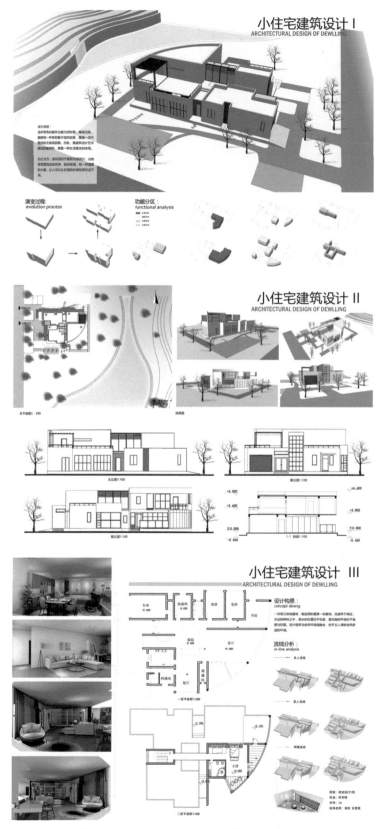

图6.5.8 独立式小住宅建筑设计方案图（8）

作业点评:

图 6.5.9 所示的独立式小住宅设计方案从基地分析出发,将客厅、餐厅与主卧室布局在了最优景观面与最佳朝向相结合的位置,功能布局合理。住宅分为三个长方体,建筑造型简洁而富于变化。住宅公共空间和主卧室组成的主要体块,与次卧、书房等私密空间组成的次要体块通过一个长而狭的连廊串联。视线焦点集中在内院的水池上,一个坡道连接了水池与二层的露台,打造出自然引入日常生活的宁静空间,非常新颖。

图6.5.9 独立式小住宅建筑设计方案图(9)

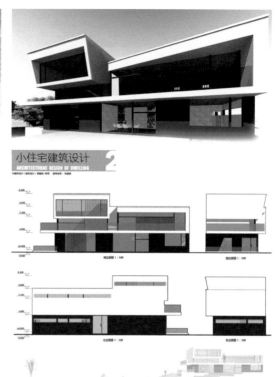

作业点评:

图 6.5.10 所示的独立式小住宅设计顺应狭长的基地,由长方形体块叠加而成。体块处理使用了穿插、交叠等手法,极大地丰富了几何形体间相互关系。外立面设计采用了黑白对比色,区分出服务、辅助空间与起居室、卧室等主要功能空间。立面开窗方式、建筑屋顶女儿墙等的细节处理都经过了仔细的思考与推敲。在图纸表达与排版设计上更是匠心独具,建筑表现图、剖面图都很好地展示了建筑特色。

图6.5.10 独立式小住宅建筑设计方案图(10)

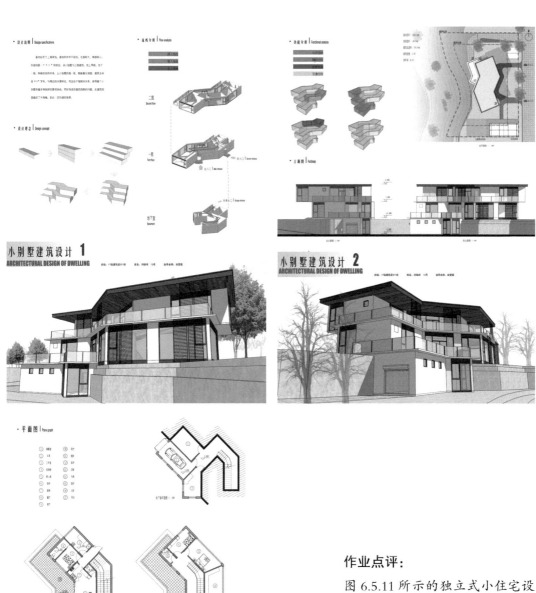

作业点评：

图 6.5.11 所示的独立式小住宅设计方案充分利用了坡地地形，依地势作折线形布局。在建筑的景观面逐层设计了观景长廊，营造出室内外融和的灰空间。建筑主体采用素混凝土作为外立面材料。平屋顶设计了深远的出挑，与观景长廊相互呼应，原木材质与混凝土形成对比。独立式小住宅的整体造型流畅，富于变化。

图6.5.11 独立式小住宅建筑设计方案图（11）

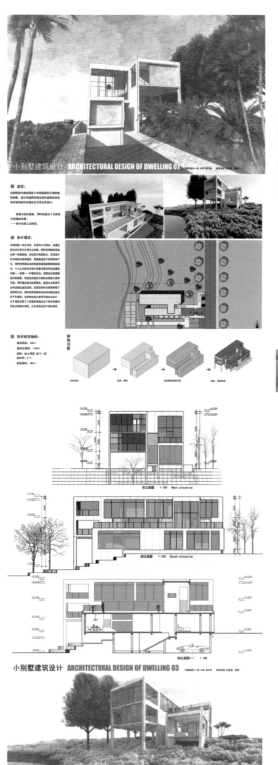

作业点评:

图 6.5.12 所示的独立式小住宅设计方案,建筑基地为一狭长的长方形,建筑造型由两个长方体体块构成,功能房间按照公私类别分区块布置,中间由玻璃连廊连接,建筑体块依地势相互错落,形成丰富的造型效果。建筑景观面考虑了西侧日照的影响,设计了木制格栅,遮阳的同时美化了建筑立面。

图6.5.12 独立式小住宅建筑设计方案图(12)

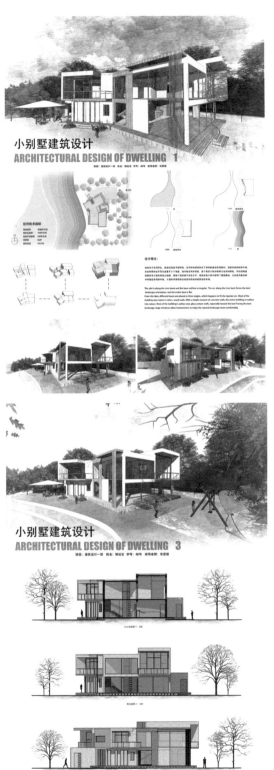

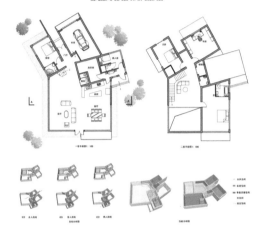

作业点评：

图 6.5.13 所示的独立式小住宅设计方案，建筑由多个方形体块构成，依照基地形状，北侧的两个体块进行扭转，以获得更佳的观景朝向。该设计注重一层公共空间与室外场地的衔接与融合，通过木制平台营造出灰空间，增加人与树木、阳光、水体等自然因素的接触，为居民的日常生活提供了一个舒适惬意的半室外场所。

图6.5.13　独立式小住宅建筑设计方案图（13）

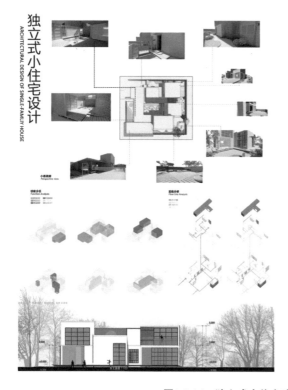

作业点评：

图 6.5.14 所示的独立式小住宅设计采用围合式平面布局，住宅围绕着中间庭院组织各个功能空间。整个建筑追求一种安静、内省的空间氛围，在建筑造型和材料选择、室内外环境营造乃至细部处理上都有所体现。建筑表现上构图饱满、色调统一、内容丰富，很好地展示了建筑特色。

图6.5.14　独立式小住宅建筑设计方案图（14）

图6.5.15　独立式小住宅建筑设计方案图（15）

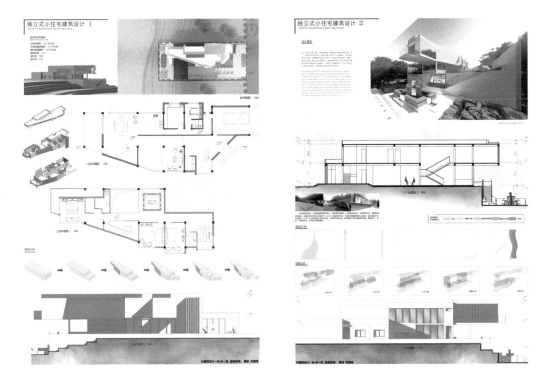

图6.5.16　独立式小住宅建筑设计方案图（16）

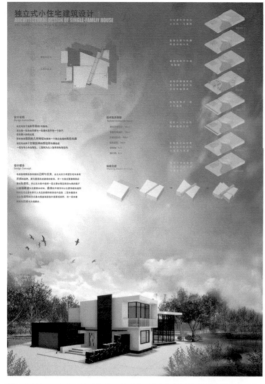

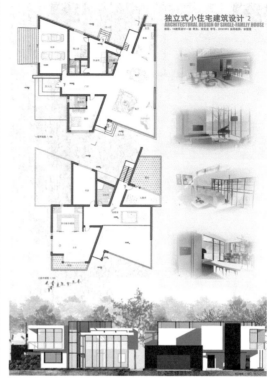

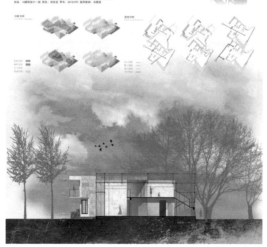

作业点评：

图 6.5.17 所示的独立式小住宅设计方案将建筑整体分为了左右两部分，东侧靠近湖面，主要布局起居室、餐厅等公共空间，西侧主要布局私密和辅助空间。两侧体块由一个"光廊"串联，在室内形成了丰富多变的光影效果。建筑整体造型极具特色，由方形通过切割、移位等手法导出，与基地岸线形成了良好的呼应关系。

图6.5.17 独立式小住宅建筑设计方案图（17）

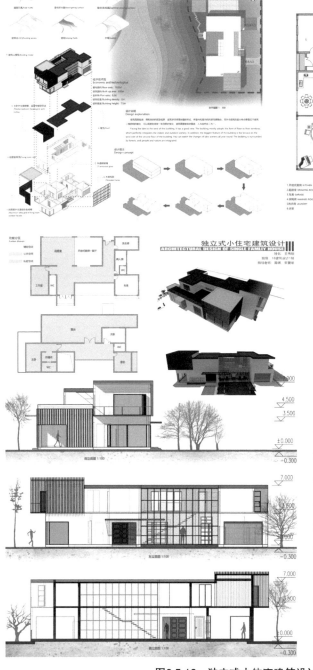

作业点评:

图 6.5.18 所示的独立式小住宅功能空间布局合理,能够结合地形和景观条件,使主卧、客厅等主要功能空间占据基地南面最优区域。整个建筑造型朴素大方,入口大面积玻璃幕墙与实墙形成虚实对比,深色格栅材料在公共、私密空间外观上的重点使用,突显了两大主要功能空间在造型上的视觉焦点作用。但在剖面图表达和建筑环境氛围的渲染上还有待进一步提升。

图6.5.18　独立式小住宅建筑设计方案图(18)

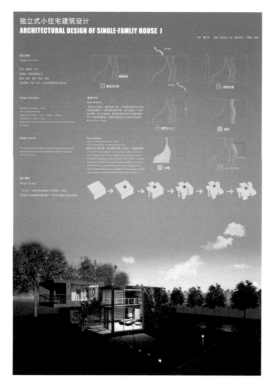
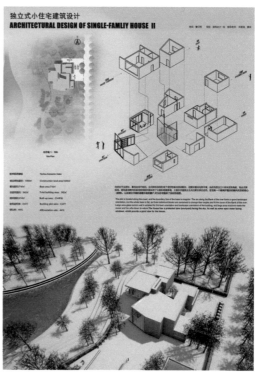
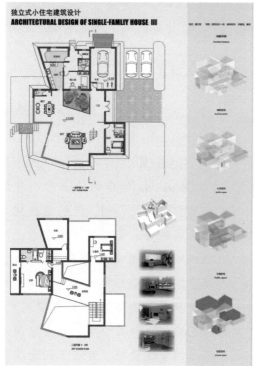
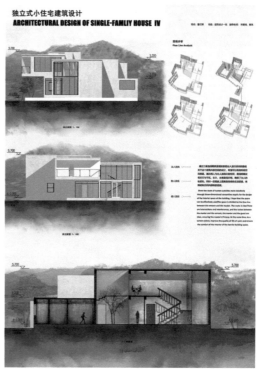

图6.5.19　独立式小住宅建筑设计方案图（19）

作业点评：以上作品为历年学生独立式小住宅建筑设计的方案图纸，从中可以看到在计算机辅助设计与绘图技术、图纸表达与排版设计上的不断进步。

6.6　BIM 建模与扩初设计

独立式小住宅BIM建模与扩初设计
BIM AND PRELIMINARY DESIGN OF SINGLE-FAMILY HOUSE

班级：18建筑设计一班
姓名：钟雨中
学号：20181665

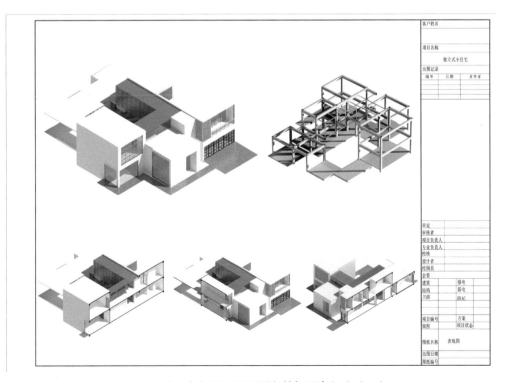

图6.6.1　独立式小住宅BIM建模与扩初设计（1）（一）

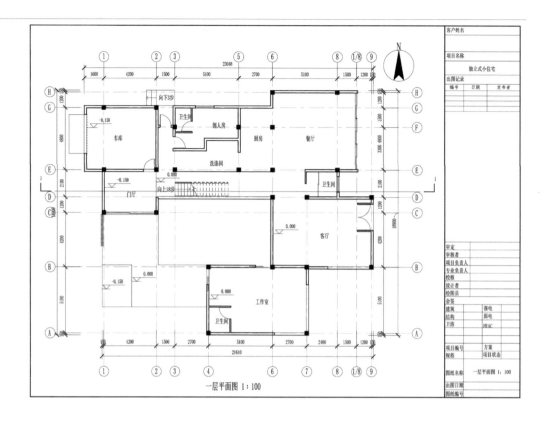

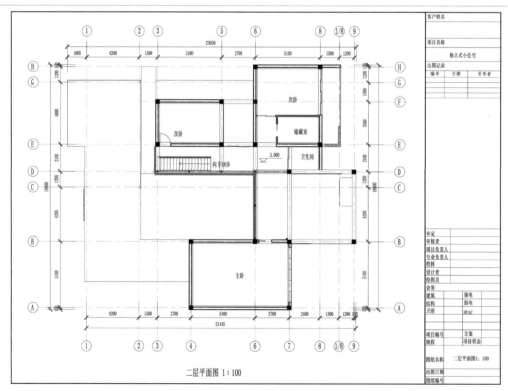

图6.6.1　独立式小住宅BIM建模与扩初设计（1）（二）

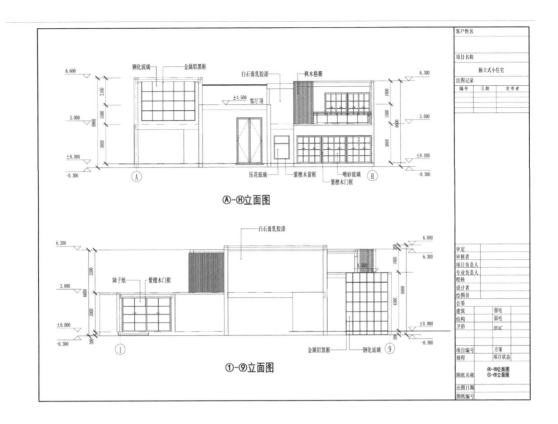

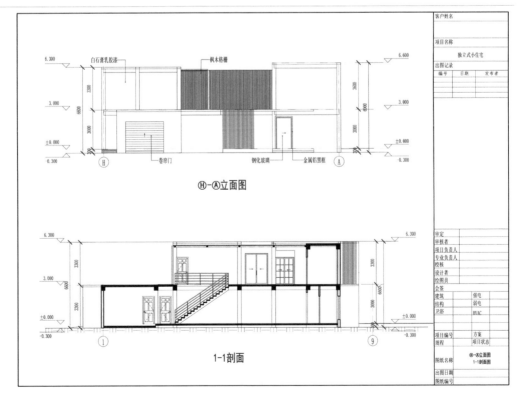

图6.6.1　独立式小住宅BIM建模与扩初设计（1）（三）

独立式小住宅BIM建模与扩初设计

BIM AND PRELIMINARY DESIGN OF SINGLE-FAMILY HOUSE

班级:建筑设计一班
姓名:董亿博
学号: 20181091

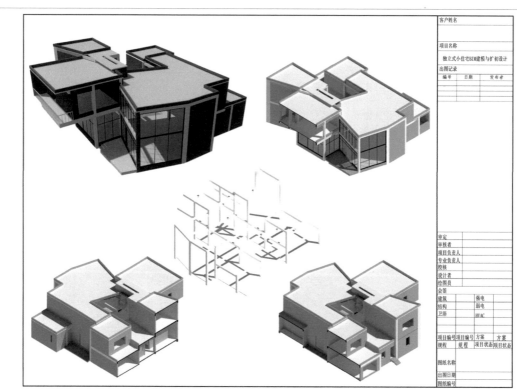

图6.6.2　独立式小住宅BIM建模与扩初设计（2）（一）

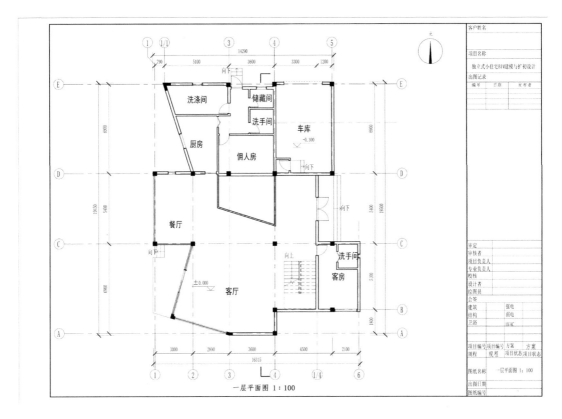

一层平面图 1：100

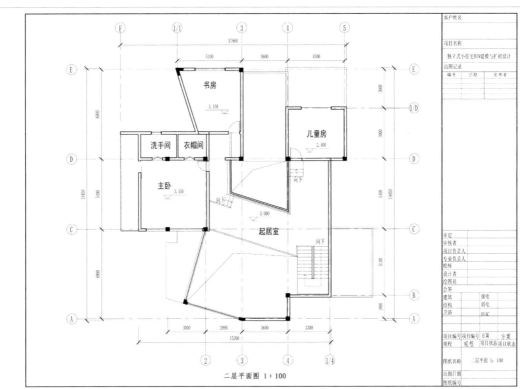

二层平面图 1：100

图6.6.2 独立式小住宅BIM建模与扩初设计（2）（二）

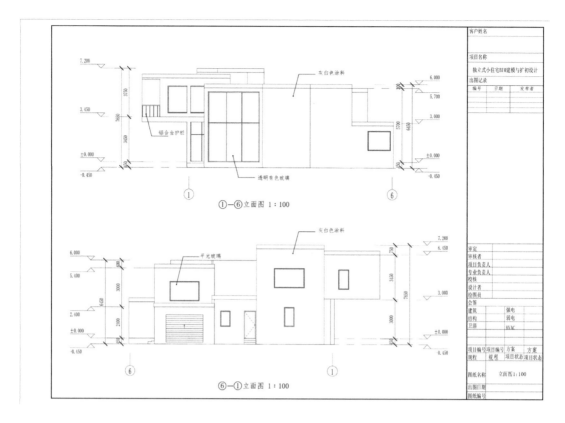

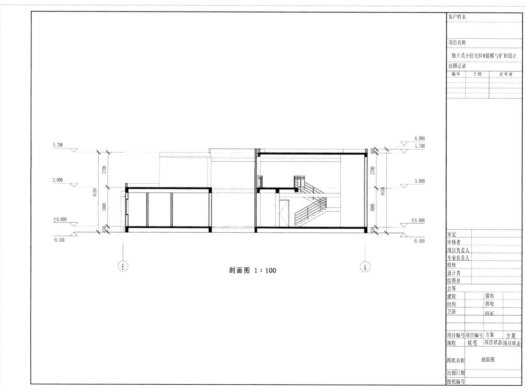

图6.6.2　独立式小住宅BIM建模与扩初设计（2）（三）

独立式小住宅BIM建模与扩初设计

BIM AND PRELIMINARY DESIGN OF SINGLE-FAMILY HOUSE

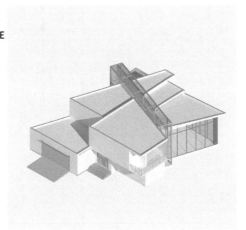

班级：18建筑设计一班
姓名：宋安龙
学号：20181093

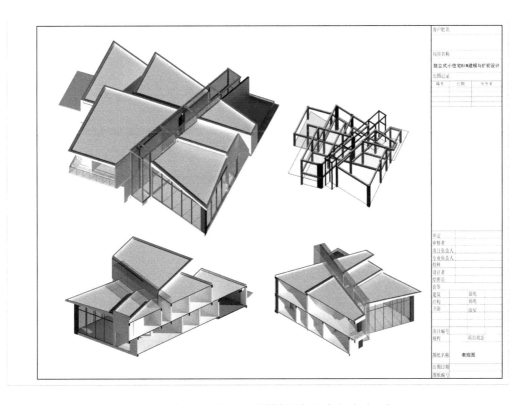

图6.6.3　独立式小住宅BIM建模与扩初设计（3）（一）

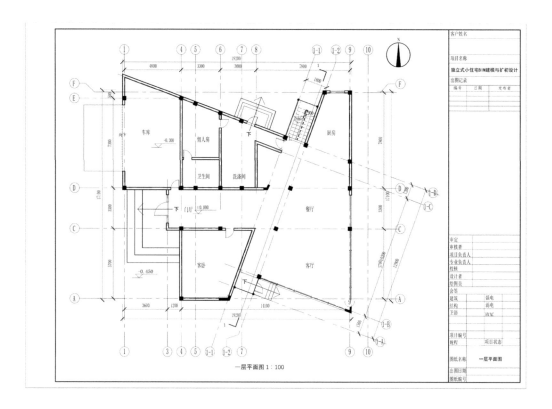

一层平面图 1：100

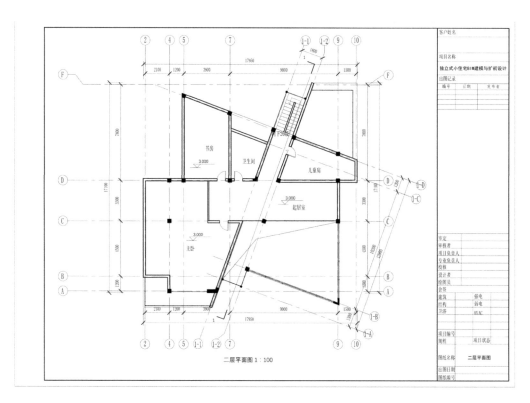

二层平面图 1：100

图6.6.3　独立式小住宅BIM建模与扩初设计（3）（二）

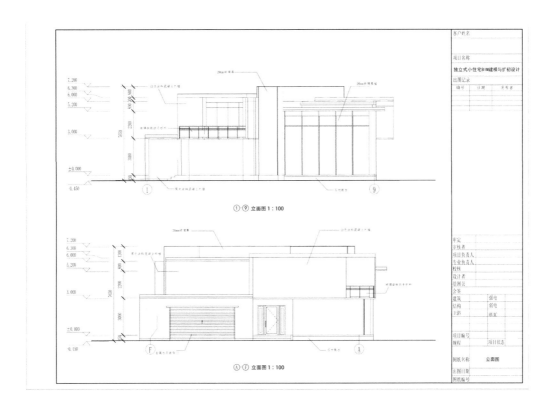

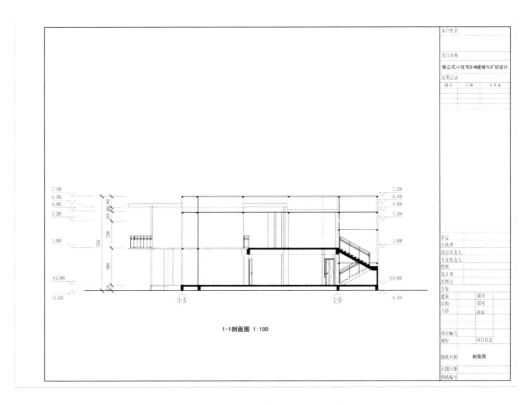

图6.6.3　独立式小住宅BIM建模与扩初设计（3）（三）

独立式小住宅BIM建模与扩初设计

BIM AND PRELIMINARY DESIGN OF SINGLE-FAMILY HOUSE

班级：建筑设计一班
姓名：孙一梵
学号：20180773

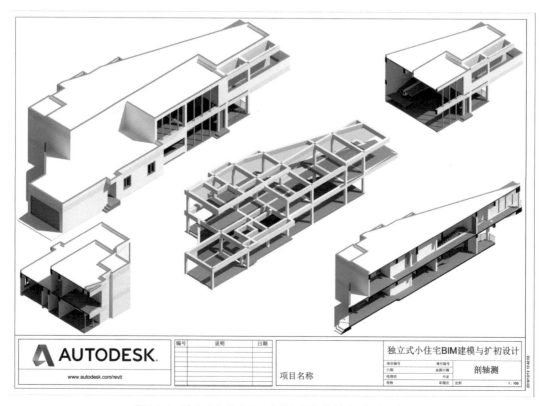

图6.6.4　独立式小住宅BIM建模与扩初设计（4）（一）

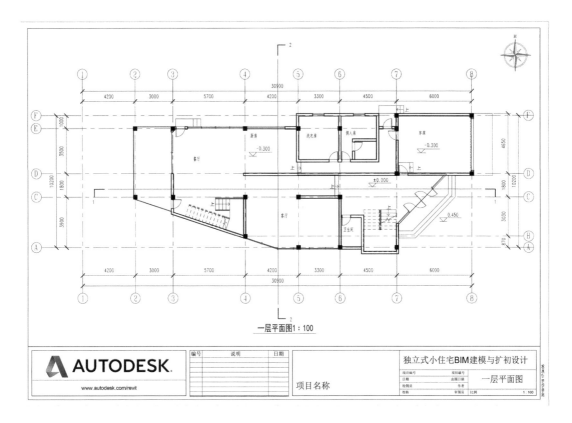

一层平面图1:100

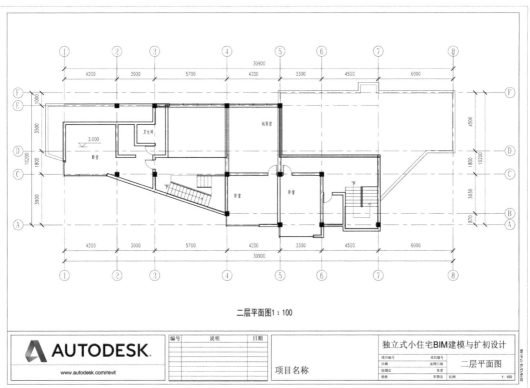

二层平面图1:100

图6.6.4 独立式小住宅BIM建模与扩初设计（4）（二）

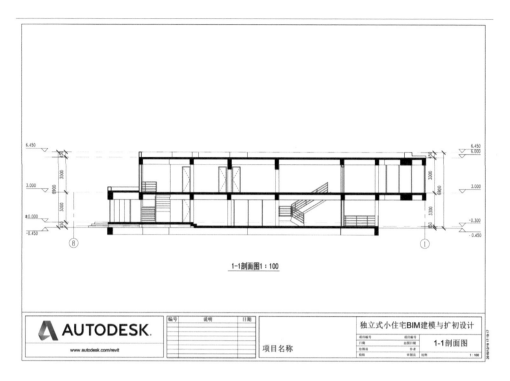

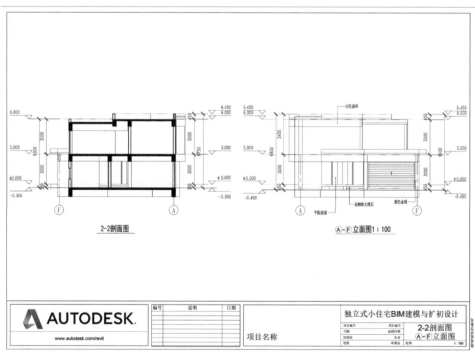

图6.6.4　独立式小住宅BIM建模与扩初设计（4）（三）

　　作业点评：学生通过BIM建模的过程，可以初步了解独立式小住宅从方案设计到初步设计过程中整体结构方案确定的思路，进而了解建筑结构、建筑材料、建筑构造等相关知识以及更好地理解扩初阶段的要求，初步培养起与多工种专业配合的专业素养。

6.7 独立式小住宅改造设计

图6.7.1 独立式小住宅改造设计方案图（1）

作业点评:

图 6.7.2 所示的独立式小住宅改造设计方案将原有住宅建筑改造为民宿,充分考虑功能需求的同时,特别注重庭院营造。建筑内部设有中庭,南侧结合入口设有半围合式庭院,二层则设置有空中花园,为每一组居住单元创造出良好的景观条件。在立面改造中采用了素混凝土与原木相结合的材质,简洁而富有现代感。

图6.7.2 独立式小住宅改造设计方案图(2)

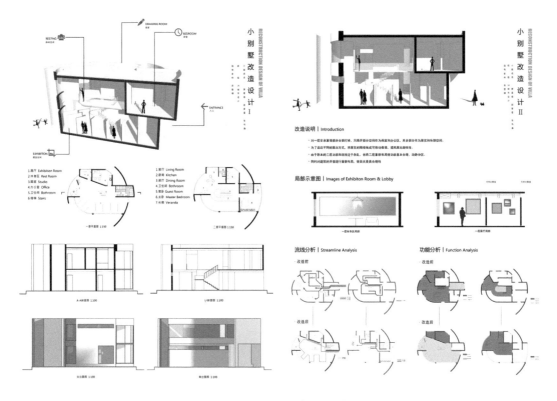

图6.7.3　独立式小住宅改造设计方案图（3）

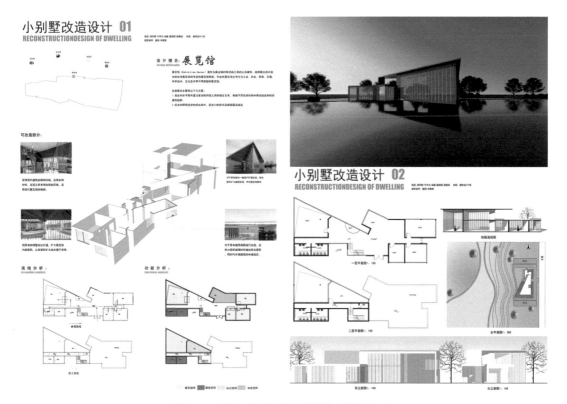

图6.7.4　独立式小住宅改造设计方案图（4）

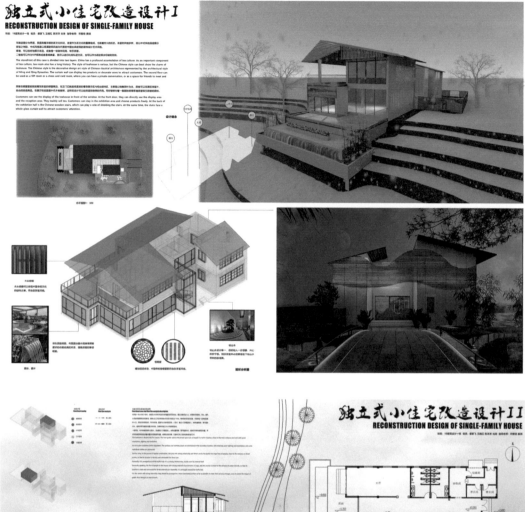

图6.7.5 独立式小住宅改造设计方案图（5）

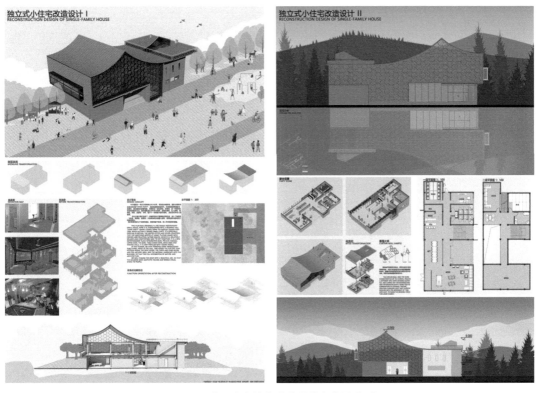

图6.7.6　独立式小住宅改造设计方案图（6）

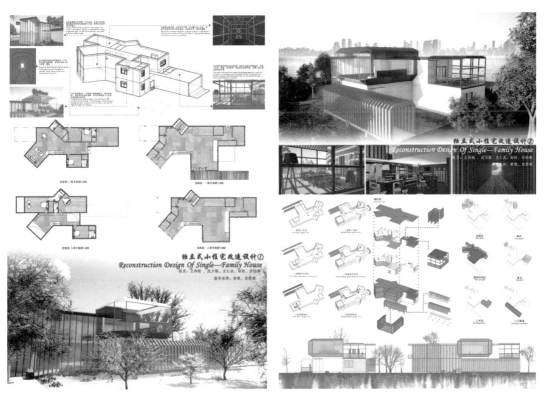

图6.7.7　独立式小住宅改造设计方案图（7）

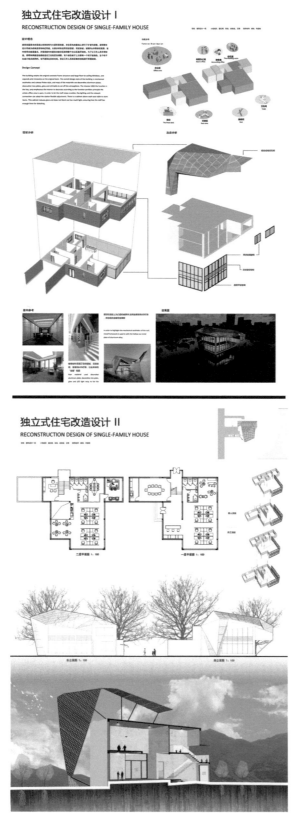

图6.7.8　独立式小住宅改造设计方案图（8）

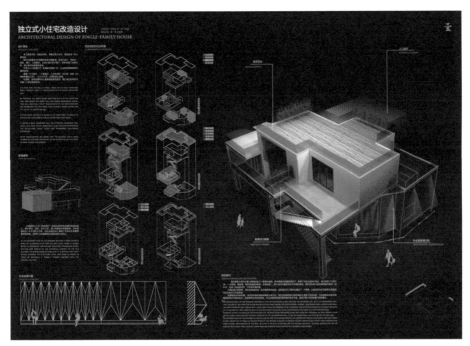

图6.7.9 独立式小住宅改造设计方案图（9）

作业点评：以上是学生以团队形式完成的独立式小住宅改造设计作业。以团队其中一名成员的独立式小住宅设计作业为基础进行改造设计。小住宅原有大的结构不变，通过对原有住宅的评估、功能的重新定位来拟定新的改造任务。改造设计这个环节训练，可以帮助学生更好地理解设计的逻辑性和制约条件的影响，以及新旧关系的处理手法，同时也培养了团队协作的精神。

6.8 装配式住宅建筑设计

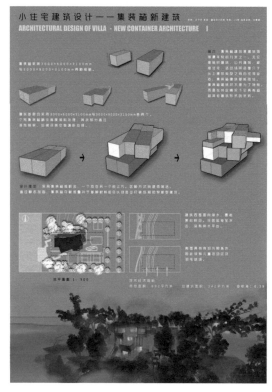

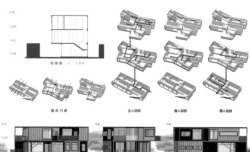

作业点评：

图 6.8.1 所示的装配式住宅建筑设计，建筑共有 3 层，由 12 个集装箱组成，集装箱旋转叠加后创造出丰富的露台空间，营造了多变的整体造型效果。建筑二层主要布局了起居室、餐厅等公共空间，集装箱侧向扭转形成了观景露台，巧妙地为居民提供了室内外交融的灰空间。

图6.8.1 集装箱小住宅建筑设计竞赛方案图（1）

作业点评：

图6.8.2所示的装配式住宅建筑设计，建筑共有2层，集装箱体块构成了围合式的空间造型，创造出私密的内院。建筑一层，南侧主要布局有公共空间，北侧则为私密和辅助空间。建筑二层的主卧等主要功能体块，集装箱外表皮设计为黄色，丰富了建筑的立面色彩。

图6.8.2　集装箱小住宅建筑设计竞赛方案图（2）

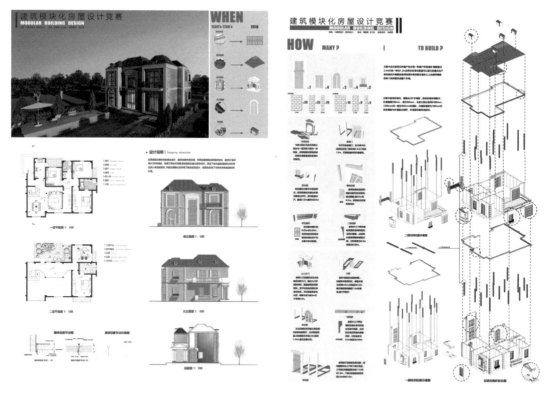

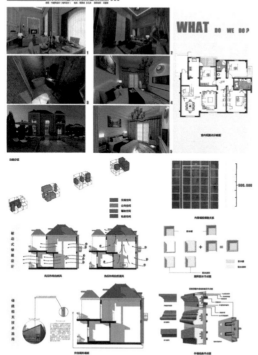

作业点评：

图 6.8.3 建筑模块化房屋设计方案，按照业主要求设计为法式风格独立式小住宅。在深入分析了法式风格建筑构成要素的基础上，选用了模块化建筑构件进行设计。功能布局合理，交通流线清晰，同时考虑了自然采光、通风等被动式设计手法，尽量实现建筑的低能耗。

图6.8.3　建筑模块化房屋设计竞赛方案图（1）

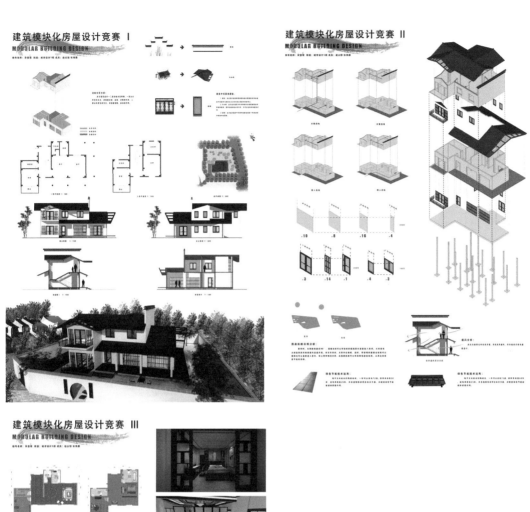

作业点评:

图6.8.4建筑模块化房屋设计方案,按照业主要求设计为中式风格独立式小住宅。设计沿用了中式传统住宅一贯采用的覆瓦坡屋顶、"粉墙黛瓦"的江南中式建筑特征,创造如同水墨画的淡丽清雅。选用模块化建筑构件,着力提高居住的舒适度,并综合考虑私密性与不同使用者居室空间的合理分隔。外庭院、游廊等设计体现了人与环境的和谐共生。

图6.8.4 建筑模块化房屋设计竞赛方案图(2)

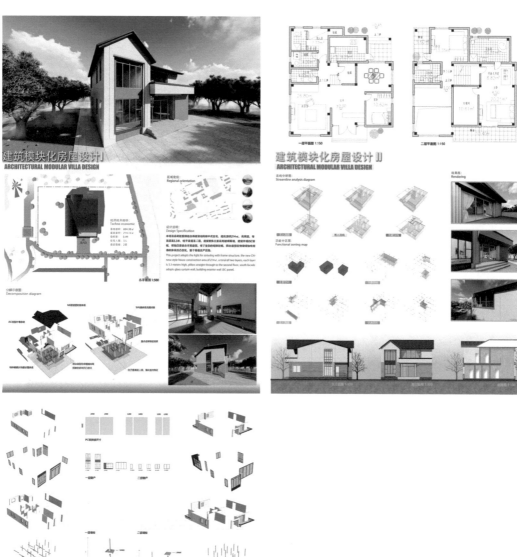

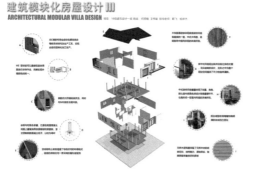

作业点评：

图 6.8.5 建筑模块化房屋设计方案，按照业主要求设计为中式风格独立式小住宅。在设计中特别关注对模块化建筑构件的使用，从柱、梁、板到墙、门、窗，均采用了标准化构建，并用图示语言清晰地予以表达。住宅建筑采用集中式布局，功能划分合理，交通流线清晰。

图6.8.5 建筑模块化房屋设计竞赛方案图（3）

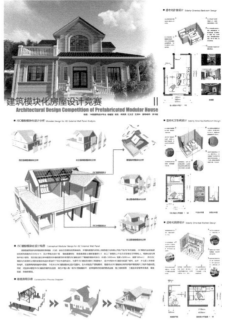

作业点评：

　　图 6.8.6 建筑模块化房屋设计方案，外墙和屋面均采用企业生产的 JSC 专利墙板系列，并对该墙板与方钢柱的安装与构造关系进行充分考虑与设计。内装中模块化部品适老化卫生间和厨房的设计以及对室内各个房间的光模拟分析都是亮点。在住宅外观上还可以继续多样化的探索。

图6.8.6　建筑模块化房屋设计竞赛方案图（4）

　　作业点评： "中国制造2025"是我国政府实施强国战略的第一个十年行动纲领，在工业化建筑和"中国制造2025"新一轮科技革命与产业变革背景下，与装配式住宅设计及建造企业进行校企联合教学，以竞赛形式指导学生进行集装箱、模块化独立式小住宅的建筑设计探索。

资料来源

单元一

图 1.1.1 独立式住宅——流水别墅（黄琪摄影）

图 1.1.2 独立式小住宅

（a）都市类型

[（西）卡雷斯·布洛特.新都市住宅设计 [M].张晨译.桂林：广西师范大学出版社，2013.日本高长宅，p123].

（b）近郊类型

[上海万创文化传媒有限公司.世界最新现代别墅（第一版）[M].大连：大连理工大学出版社，2011.澳大利亚天堂 154 住宅（the Elysium 154 house），p335].

图 1.2.1 中国传统别墅

（a）颐和园、圆明园：

（https：//st.so.com/stu?a=simview&imgkey=t019a9451f6502b15b4.jpg&fromurl=http：//www.360doc.com/content/17/1222/22/30341965_715487856.shtml&cut=0#sn=0&id=a0c94eb433500c1cfc4fd9e9dc238022&copr=1

tuan.cctcct.com/picture/Travel-Picture/5394.html，2012-12-19）

（b）苏州园林（黄琪摄影）

图 1.2.2 中国传统民居

（a）北京四合院（黄琪整理绘制）

（b）四川民居（季富政所绘，合江县福宝镇民居

http：//sc.wenming.cn/wyzc/mssf/201404/t20140425_1899447.html）

图 1.2.3 西方传统别墅

（a）哈德良离宫（ihsanGercelman）

（b）圆厅别墅

（https：//image.so.com/view?q=Rdio.com&src=srp&zoom=1&correct=Rdio.com&ancestor=list&cmsid=6c151b265e1a0c10b2b2097f12035200&cmras=0&cn=0&gn=0&kn=0&crn=0&bxn=0&fsn=60&cuben=0&adstar=0&clw=262#id=372ea6c27d26278708bcd402437c7b77&currsn=0&ps=17&pc=17）

图 1.2.4 对称集中型——玻璃屋

[（英）格尔锡.菲利普·约翰逊的康涅狄格州纽卡纳安的玻璃屋，20世纪建筑[M].段成功译北京：中国青年出版社，2002]

图1.2.5 不规则型——山风住宅

[（英）格尔锡.麦金托什的山庄住宅（the Hill House1903），20世纪建筑[M].段成功译北京：中国青年出版社，2002]

图1.3.1 草原住宅（a）自家住宅及工作室；（b）赫特利住宅（黄琪摄影）

图1.3.2 魏森霍夫住宅展——勒·柯布西耶联合住宅作品（黄琪摄影）

图1.3.3 范斯沃斯住宅（实景照片由黄琪摄影，黑白线框图来自网络）

图1.3.4 母亲住宅（黄琪摄影）

图1.3.5 道格拉斯住宅（https://www.archdaily.com/61276/ad-classics-douglas-house-richard-meier/）

图1.3.6 彼得·埃森曼的"住宅2号"

[（美）彼得·埃森曼.当代世界建筑经典精选（9）[M].北京：世界图书出版公司，1997]

图1.3.7 盖里自宅（https://www.archdaily.com/67321/gehry-residence-frank-gehry/5037e43128ba0d599b00029e-gehry-residence-frank-gehry-first-floor-plan?next_project=no）

图1.3.8 圣维塔尔河住宅

[（英）格尔锡.20世纪建筑[M].段成功译.北京：中国青年出版社，2002. https://archeyes.com/bianchi-house-at-riva-san-vitale-mario-botta/]

图1.3.9 住吉长屋（https://www.themodernhouse.com/journal/house-of-the-week-azuma-house-by-tadao-ando/）

图1.3.10 鲁丁住宅，（https://ourhouseisourworld.wordpress.com/2013/09/23/rudin-house-herzog-de-meuron-analysis/）

图1.3.11 格伦·马库特住宅作品

（a）玛丽·肖特住宅（Dezeen）

（b）玛格尼住宅（Anthony Brownell）

图1.3.12 斯蒂文·霍尔的温雅住宅，（http://www.abbs.com.cn/bbs/post/view?age=-1&bid=8&id=6069015&ppg=2&sty=0&tpg=5）

图1.3.13 新中式的案例（https://www.sohu.com/a/339519704_186299）

表1.3.1 独立式住宅的演变（黄琪整理汇总，http://www.ikuku.cn/project/changcheng-jiaoxiadegongshe）

表1.3.2 长城脚下的公社一览表（宋雯珺、黄琪整理绘制，http://www.ikuku.cn/project/changcheng-jiaoxiadegongshe）

单元二

图2.1.1 独立式住宅中的借景

[上海万创文化传媒有限公司.世界最新现代别墅(第1版)[M].大连:大连理工大学出版社，2011.（a）案例1——群岛之墅，p22-25;（b）案例2——帕拉提别墅，p10;（c）案例3——佐岛别墅，p132-135]

图2.1.2 独立式住宅中的对景——拉普斯别墅

[上海万创文化传媒有限公司.世界最新现代别墅(第1版)[M].大连:大连理工大学出版社，2011，p192-195]

图2.1.3 独立式住宅的庭院空间

[藤本壮介建筑作品集（1995-2015），Toto出版，p 77，p 80]

图2.1.4 独立式住宅的日照

（a）[Silver，Pete/ McLean，Will/ Whitsett，Dason（CON）.Introduction to Architectural Technology[M].2008]

（b）[龙志伟.原乡独院住宅（上册）[M].桂林:广西师范大学出版社，2014]

（c）[龙志伟.原乡独院住宅（下册）[M].桂林:广西师范大学出版社，2014]

图2.1.5 独立式住宅的光影

[（西）卡雷斯·布洛特.新都市住宅设计[M].张晨译.桂林:广西师范大学出版社，2013.

（a）英国伦敦空隙间的房屋面向庭院的起居空间，p82，（b）日本大阪昭和町民宅休息室，p91]

图2.1.6 坡地上的独立式住宅空间

[上海万创文化传媒有限公司.世界最新现代别墅(第1版)[M].大连:大连理工大学出版社，2011.（a）案例1——帕拉提别墅，p15;（b）案例2——波利别墅，p154;（c）案例3——利兹别墅，p107;（d）案例4——MM别墅，p63，p66，p69]

图2.1.7 山谷中的别墅

[上海万创文化传媒有限公司.世界最新现代别墅（第1版）大连:大连理工大学出版社，2011.p151，p152]

图2.1.8 风玫瑰图（黄琪根据资料绘制）

图2.1.9 住宅自然通风示意图

[龙志伟.原乡独院住宅（下册）[M].桂林:广西师范大学出版社，2014]

图2.1.10 多元化的独立式住宅

（a）地中海风格住宅

（http://www.360doc.com/content/16/1013/13/4223150_598104838.shtml）

（b）日式和风住宅

[（日）X-Knowledge.日本住宅设计解剖书[M].南京:江苏凤凰科学技术出版社，2016]

图2.1.11 基地红线示意图（黄琪整理绘制）

图2.1.12 车库前道路与场地示意图（黄琪整理绘制）

图 2.1.13 地形分析图（2016 级建筑设计 1 班田新宇）

图 2.2.1 总平面布局与分析、图 2.2.2 布局案例 1（黄琪整理绘制）

图 2.2.3 布局案例 2（宋雯珺整理绘制）

图 2.2.4 布局案例 3，（a）基地分析；（b）总平面图

[2016 级建筑设计（城市设计方向）张婧妍]

图 2.2.5 家庭结构、职业定位与兴趣爱好（黄琪根据网络整理绘制）

单元三

图 3.1.1 泡泡图

[（美）拉索 . 图解思考——建筑表现技法（第三版）[M]. 邱贤丰等译 . 北京：中国建筑工
业出版社，2002]

图 3.1.2 独立式住宅功能关系示意图（a）公私关系；（b）动静、洁污关系（黄琪整理
绘制）

图 3.1.3 人体尺度图、图 3.1.4 门厅空间尺度、3.1.5 餐厅空间尺度、图 3.1.6 厨房空间尺度
[（美）Julius Panero. 人体尺度与室内空间 [M]. 龚锦译，曾坚校，天津：天津科学技术出版社，
p4，p8，p80，p83，p102]

图 3.1.7 厨房布局（黄琪整理绘制）

图 3.1.8 独立式住宅的餐厨与起居室

（a）厨房、餐厅、起居室三合一 [ThinkArchit Group.150+ 全球住宅建筑 [M]. 武汉：华中科
技大学出版社，2011]

（b）厨房、餐厅与起居室隔而不断 [上海万创文化传媒有限公司 . 世界最新现代别墅（第
1 版）[M]. 大连：大连理工大学出版社，2011]

（2020 级建筑设计创新班张代冶整理绘制）

图 3.1.9 卫生间布局与常用尺寸（2019 级建筑设计 1 班夏源整理绘制）

图 3.1.10 佣人卫生间布局（黄琪整理绘制）

图 3.1.11 主卧卫生间布局（2019 级建筑设计 1 班夏源整理绘制）

图 3.1.12 三式分离卫生间的布局示意、图 3.1.13 四式分离卫生间的布局示意（黄琪整理
绘制）

图 3.1.14 流线分析图（黄琪整理绘制）

图 3.1.15 一字形平面布局

（a）墨西哥 Suntro 住宅

[上海万创文化传媒有限公司 . 世界最新现代别墅（第 1 版）[M]. 大连：大连理工大学出版
社，2011，p197，p 199]

（b）西班牙萨瓦德尔的 127 住宅

[（西）卡雷斯·布洛特 . 新都市住宅设计 [M]. 张晨译 . 桂林：广西师范大学出版社，2013，

英国伦敦空隙间的房屋面向庭院的起居空间，p111]

图 3.1.16 L 形平面布局

（a）墨西哥 Los Amates 住宅 [上海万创文化传媒有限公司 . 世界最新现代别墅（第 1 版）[M]. 大连：大连理工大学出版社，2011，p236，p237]

（b）芬兰赫尔辛基 Q 住宅 [龙志伟 . 原乡独院住宅（下册）[M]. 桂林：广西师范大学出版社，2014，p274，p 278]

图 3.1.17 围合型平面布局

[龙志伟 . 原乡独院住宅（下册）[M]. 桂林：广西师范大学出版社，2014.（a）墨西哥蒙特雷市郊 BC 住宅，p156，p157（2020 级建筑设计创新班郑骏皓整理绘制）；（b）Lujian 海景住宅，p232，p 233]

图 3.1.18 相对集中型平面布局

（a）艾哈迈达巴德绿色住宅 [龙志伟 . 原乡独院住宅（下册）[M]. 桂林：广西师范大学出版社，2014，p52]

（b）上海浦东大团别墅（2019 级建筑设计创新班张琼整理绘制）

图 3.1.19 独立式住宅的特殊空间

上海万创文化传媒有限公司 . 世界最新现代别墅（第 1 版）[M]. 大连：大连理工大学出版社，2011.（a）通高的客厅；（c）阁楼与楼梯下的空间，p55，p254，p354，p358]

图 3.1.20 独立式住宅的错层空间

（a）错几级空间

（西）卡雷斯·布洛特 . 新都市住宅设计 [M]. 张晨译 . 桂林：广西师范大学出版社，2013，p198，p 206]

（b）错半层空间

左图：[龙志伟 . 原乡独院住宅（下册）[M]. 桂林：广西师范大学出版社，2014，p124.

右图：丹麦 E 别墅，摄影师：Julian Weyer

图 3.1.21 不同住宅空间效果

[上海万创文化传媒有限公司 . 世界最新现代别墅（第 1 版）[M]. 大连：大连理工大学出版社，2011.（a）暖色基调室内空间；（b）冷色基调室内空间；（c）深色室内空间，p254，p270，p358.

（西）卡雷斯·布洛特 . 新都市住宅设计 [M]. 张晨译 . 桂林：广西师范大学出版社，2013.（a）暖色基调室内空间，p55；（c）深色室内空间，p23；（d）浅色室内空间，p146]

图 3.1.22 巴拉甘的住宅作品

（a）墨西哥市塔古巴雅区巴拉甘住宅（https：//www.archdaily.com/102599/ad-classics-casa-barragan-luis-barragan，摄影：Casa Luis Barragan，Rene Burri，Steve Silverman）

（b）墨西哥市查普特佩克区吉拉迪住宅（https：//www.plataformaarquitectura.cl/cl/02-123630/clasicos-de-arquitectura-casa-gilardi-luis-barragan）

图 3.1.23 空间序列——入口、门厅、起居室

[上海万创文化传媒有限公司 . 世界最新现代别墅（第 1 版）[M]. 大连：大连理工大学出版社，2011，p82，p 84，p 87]

图 3.1.24 空间序列——楼梯与坡道

（ https：//www.archdaily.cn/cn/928616/adjing-dian-sa-fu-yi-bie-shu-le-star-ke-bu-xi-ye?ad_source=search&ad_medium=search_result_all，摄影：Flickr User：End User）

图 3.1.25 空间序列节点——楼梯

[上海万创文化传媒有限公司 . 世界最新现代别墅（第 1 版）[M]. 大连：大连理工大学出版社，2011，p 52，p 139，p188，p216，p 299]

图 3.1.26 大空间案例——圆厅别墅 [程大锦 . 建筑：形式、空间和秩序（第三版）[M]. 天津：天津大学出版社，2008，p201]

图 3.1.27 独特空间组合案例

[上海万创文化传媒有限公司 . 世界最新现代别墅（第 1 版）[M]. 大连：大连理工大学出版社，2011.（a）Meindersma 别墅，p254，p 358；（c）Dupli.Casa 别墅；p30]

图 3.2.1 体量连接方式

（a）硬交接；（b）软交接；（c）穿插交接 [ThinkArchit Group.150+ 全球住宅建筑 [M]. 武汉：华中科技大学出版社，2011，p241，p254，p309]

图 3.2.2 造型中的凸凹关系

（a）加法——体块叠加；（b）减法——体块削减

[上海万创文化传媒有限公司 . 世界最新现代别墅（第 1 版）[M]. 大连：大连理工大学出版社，2011，p167，p261]

图3.2.3 细部设计 [FRANCISCO ASENSIO CERVER. HOUSES OF THE WORLD ,KÖNEMANN[M]. PACO ASENSIO ，ARCO EDITORIAL，SABARCELONAISBN 3-8290-4849-II098765432，p684]

图 3.2.4 独立式住宅重点部位造型——屋顶

[龙志伟 . 原乡独院住宅（上册）[M]. 桂林：广西师范大学出版社，2014.（b）瓦屋顶，p72；（e）铝合金屋顶，p12；（f）金属屋面，p119. 龙志伟 . 原乡独院住宅（下册）[M]. 桂林：广西师范大学出版社，2014.（d）钢筋混凝土挑檐屋顶，p289.

上海万创文化传媒有限公司 . 世界最新现代别墅（第 1 版）[M]. 大连：大连理工大学出版社，2011.（a）木屋顶，p47；（c）茅草屋顶，p21]

图 3.2.5 独立式住宅重点部位造型——楼梯、阳台、外廊架构

[（a）（西）卡雷斯·布洛特 . 当代别墅 [M]. 桂林：广西师范大学出版社，2014，p29

（b）（c）（d）ThinkArchit Group.150+ 全球住宅建筑 [M]. 武汉：华中科技大学出版社，2011，p213，p 259，p376.

（e）龙志伟 . 原乡独院住宅（上册）[M]. 桂林：广西师范大学出版社，2014，p64]

图 3.2.6 独立式住宅重点部位造型——入口

（a）增加入口构件

[ThinkArchit Group.150+ 全球住宅建筑 [M]. 武汉：华中科技大学出版社，2011，p230；上海万创文化传媒有限公司 . 世界最新现代别墅（第 1 版）[M]. 大连：大连理工大学出版社，2011，p349；（日）X-Knowledge. 日本住宅设计解剖书 [M]. 南京：江苏凤凰科学技术出版社，2016，p87]

（b）二层体块出挑

[ThinkArchit Group. 150+ 全球住宅建筑 [M]. 武汉：华中科技大学出版社，2011，p248，p251，p372]

（c）退让形成出入口空间

（d）与车席形成共同出入口 "光带" 住宅，摄影师：Merio Wibowo

[ThinkArchit Group. 150+ 全球住宅建筑 [M]. 武汉：华中科技大学出版社，2011，p279]

图 3.3.1 独立式小住宅外部空间区划图

[（日）猪狩达夫等 . 图解建筑外部空间设计要点 [M]. 北京：中国建筑工业出版社，2011，P13]

图 3.3.2 独立式小住宅学生作业——外部空间设计

（a）（2018 级建筑设计 1 班董亿博）

（b）（2018 级建筑设计 1 班王伟刚）

（c）（2018 级建筑设计 1 班钟雨中）

图 3.3.3 引道空间（a）基本形态；（b）宽度；（c）视线；（e）平面图

[（日）猪狩达夫等 . 图解建筑外部空间设计要点 [M]. 北京：中国建筑工业出版社，2011，p 13]

（d）材料与铺装

[（日）X-Knowledge. 日本住宅设计解剖书 [M]. 南京：江苏凤凰科学技术出版社，2016，p4]

图 3.3.4 相对开阔的建筑入口空间处理（2018 级建筑设计 1 班孙一梵）

图 3.3.5 相对紧凑、封闭的建筑入口空间处理

[（西）卡雷斯·布洛特 . 新都市住宅设计 [M]. 张晨译 . 桂林：广西师范大学，2013，p85]

图 3.3.6 独立式小住宅庭院

[（日）X-Knowledge. 日本住宅设计解剖书 [M]. 南京：江苏凤凰科学技术出版社，2016，p20，p21]

图 3.3.7 庭院的节点空间

[（西）卡雷斯·布洛特 . 新都市住宅设计 [M]. 张晨译 . 桂林：广西师范大学出版社，2013，p51，p160，p170

（日）X-Knowledge. 日本住宅设计解剖书 [M]. 南京：江苏凤凰科学技术出版社，2016，p108，p109]

图 3.3.8 独立式小住宅的露台空间

[（西）卡雷斯·布洛特.新都市住宅设计 [M].张晨译.桂林：广西师范大学出版社，2013 新都市住宅设计.（a）瑞典兰斯克鲁纳联排住房，p10；（b）日本东京目黑区高长宅，p124]

图 3.3.9 万宝龙住宅露台空间

[（西）卡雷斯·布洛特.新都市住宅设计 [M].张晨译.桂林：广西师范大学出版社，2013，p60，p63，p65]

表 3.1.1 卧室设计，表 3.1.2 厨房设计（黄琪整理绘制）

表 3.1.3 独立式小住宅的平面组织形式（黄琪、宋雯珺整理绘制）

表 3.2.1 体块连接形式，表 3.2.2 造型的虚实关系（黄琪、宋雯珺整理绘制）

表 3.3.1 不同的大门空间形态 [黄琪整理绘制，图片来源：封闭；开放；半开放：（日）X-Knowledge.日本住宅设计解剖书 [M].南京：江苏凤凰科学技术出版社，2016，p2，p32，p112]

表 3.3.2 不同的停车空间布局（黄琪整理绘制）

分离式；结合式 [龙志伟.原乡独院住宅（上册）[M].桂林：广西师范大学出版社，2014，p74，p203]

相连式 [上海万创文化传媒有限公司.世界最新现代别墅（第 1 版）[M].大连：大连理工大学出版社，2011.停车位于建筑地上空间，p265；停车位于建筑地下空间，p190]

停车空间与建筑主体相连 [龙志伟.原乡独院住宅（上册）[M].桂林：广西师范大学出版社，2014，p84，p86.

（日）X-Knowledge.日本住宅设计解剖书 [M].南京：江苏凤凰科学技术出版社，2016]

单元四

图 4.1.1 建筑工程设计的角色分工（黄琪整理绘制）

图 4.1.2 各个专业配合示意图（黄琪整理绘制）

图 4.1.3 图纸封面（邓靖提供）

图 4.1.4 图纸目录（宋雯珺整理绘制）

图 4.1.5 图纸目录设计说明与工程做法（邓靖提供）

图 4.1.6 图纸目录门窗表（邓靖提供）

图 4.2.1 独立式小住宅设计方案学生作业（2012 级建筑设计三班张见深）

图 4.2.2 骨骼型排版（2017 级建筑设计三班张逸飞、张海烨）

图 4.2.3 满版型（2017 级建筑设计三班尹晨）

图 4.2.4 上下分割型 [2016 级建筑设计（城市设计方向）贾星禄]

图 4.2.5 左右分割型 [2016 级建筑设计（城市设计方向）张婧妍]

图 4.2.6 排版逻辑（2018 级建筑设计一班宋安龙）

图 4.2.7 建筑表现图（2018 级建筑设计一班宋安龙）

图 4.2.8 独立式小住宅方案设计学生作业——总平面图范例 [2016 级建筑设计（城市设计方向）贾星禄]

图 4.2.9 独立式小住宅方案设计学生作业——平面图范例（2016 级建筑设计一班王伟璇）

图 4.2.10 独立式小住宅方案设计学生作业——立面图范例（2017 级建筑设计一班杨子琦）

图 4.2.11 独立式小住宅学生作业——剖面图范例 [2016 级建筑设计（城市设计方向）邱悦雯、贾星禄]

图 4.2.12 基地分析平面形式范例（2018 级建筑设计一班陈可涵）

图 4.2.13 基地分析立体形式范例（2018 级建筑设计一班宋安龙、董亿博）

图 4.2.14 独立式小住宅学生作业——设计理念图解范例 [2016 级建筑设计（城市设计方向）贾星禄]

图 4.2.15 独立式小住宅学生作业——设计理念图解范例（2018 级建筑设计一班蔡豪飞、刘涛）

图 4.2.16 独立式小住宅学生作业——二维的流线与功能分析图范例（20 19 建筑设计创新班曹宇轩）

图 4.2.17 独立式小住宅学生作业——三维的流线与功能分析图范例 [2016 级建筑设计（城市设计方向）贾星禄]

图 4.3.1 BIM 基础建模基本步骤示意图（宋雯珺自绘）

图 4.3.2 独立式小住宅建筑设计——BIM 基础建模图纸输出样图（2018 级建筑设计一班钟雨中）

图 4.3.3 自然采光分析流程示意图（宋雯珺自绘）

图 4.3.4 绿建斯维尔采光分析案例示意图（2019 台达杯国际太阳能建筑设计竞赛济光学院获奖作品）

图 4.4.1 定位轴线和定位线、图 4.4.2 平面分区的定位轴号编法、图 4.4.3 圆形平面的定位轴号编法（黄琪整理绘制）

图 4.4.4 独立式小住宅扩初设计学生作业（2012 级建筑设计三班张见深）

图 4.4.5 小住宅施工图设计案例——独栋（邓靖提供）

图 4.4.6 小住宅施工图设计案例——双拼（张扬提供）

单元五

图 5.1.1—图 5.1.6（根据建筑师杂志黄琪整理绘制）

图 5.1.7—图 5.1.9 马德罗纳被动房（图文素材：马克·伍兹摄影，平面图由 19 级建筑设计一班孙潇逸整理绘制）

图 5.1.10—图 5.1.12（https：//passivehouseaccelerator.com/projects/greenport-passive-house）

图 5.1.13—图 5.1.15 英国 Carrowbreck Meadow 被动式住宅（https：//inhabitat.com/ultrarugged-off-grid-motorhome-is-built-to-go-just-about-anywhere/bumo-8/）

图 5.2.1 "插件家"示意图、图 5.2.2 "插件家"案例 1、图 5.2.3 "插件家"案例 2
（众建筑对 gooood 的分享，上围插件家，深圳 / 众建筑）

图 5.2.4 森林边缘的集装箱住宅（https：//www.sohu.com/a/243142750_290905）

图 5.3.1 加法中的新旧处理

（a）瑞士恩加丁村庄的农舍改造

（b）澳大利亚墨尔本的 Vader 住宅

[龙志伟 . 原乡独院住宅（上册）[M]. 桂林：广西师范大学出版社，2014，p48-51]

图 5.3.2 住宅建筑外观的微调整

[（日）X-Knowledge. 日本住宅设计解剖书 [M]. 南京：江苏凤凰科学技术出版社，2016，
p7-10，p68]

图 5.3.3 名人故居（a）赛珍珠纪念馆；（b）文怀恩故居（冷天提供）

图 5.3.4—图 5.3.5 玻璃屋 [龙志伟 . 原乡独院住宅（上册）[M]. 桂林：广西师范大学出版社，
2014，p194-199]

图 5.3.6—图 5.3.8 Mash 住宅 [龙志伟 . 原乡独院住宅（上册）[M]. 桂林：广西师范大学出
版社，2014，p208-219]

图 5.3.9—图 5.3.11 HOUSE 住宅 [龙志伟 . 原乡独院住宅（上册）[M]. 桂林：广西师范大
学出版社，2014，p248-257]

图 5.3.12—图 5.3.15 N 住宅 [龙志伟 . 原乡独院住宅（下册）[M]. 桂林：广西师范大学出版社，
2014，p76-81]

图 5.3.16—图 5.3.18 [袁牧 . 上海微光之宅，人书俱老·城池日新：微光之宅的平凡与不平
凡 [J]. 时代建筑，2019，2]

图 5.3.19—图 5.3.22 碧坞村一号楼（上海野舍酒店管理有限公司提供）

图 5.4.1 绿色科技住宅居住环境示例

（网易号，无锡房地产观察，想要住起来舒服，绿色科技住宅了解一下？）

图 5.4.2 无添加住宅

（https：//www.mutenkahouse.co.jp/）

图 5.4.3 百变智居 2.0

（苏圣亮、上海华都建筑规划设计有限公司，百变智居 2.0）

图 5.4.4 六居室

（上海华都建筑规划设计有限公司，$20m^2$ 的 6 居室！北京机械智能的住宅改造）

图 5.4.5 绿色凹宅

（2013 中国国际太阳能十项全能竞赛华南理工大学团队）

图 5.4.6 MISA 工作室

（申强，万境设计，https：//www.archdaily.cn/）

参考文献

[1] GB 50352—2019，民用建筑设计统一标准 [S]. 北京：中国建筑工业出版社，2019.

[2] Julius Panero. 人体尺度与室内设计 [M]. 龚锦译、曾坚校 . 天津：天津科学技术出版社，1987.

[3] （日）X-Knowledge. 日本住宅设计解剖书（合订本）[M]. 凤凰空间 李慧译 . 南京：江苏凤凰科学技术出版社，2016.

[4] GB/T 50104—2010，建筑制图标准 [S]. 北京：中国计划出版社，2011.

[5] （日）猪狩达夫 . 图解建筑外部空间设计要点 [M]. 刘云俊译 . 北京：中国建筑工业出版社，2011.

[6] 管理 . 线性的演进——格伦·马库特小住宅设计解析 [J]. 建筑师，2014，2.

[7] 格伦·默克特的住宅设计研究，李芊潭，硕士论文，华南理工大学，2012.

[8] 中南建筑设计院股份有限公司 . 建筑工程设计文件编制深度规定（2017 版）[M]. 北京：中国计划出版社，2017.

[9] 中国建筑标准设计研究院 . 民用建筑工程建筑初步设计深度图样 05SJ802[M]. 北京：中国计划出版社，2009.

[10] 汤凤龙 . "匀质"的秩序与"清晰的建造"——密斯·凡·德·罗 [M]. 北京：中国建筑工业出版社，2018.

[11] 杨国俊 . 以 S 住宅和范斯沃斯住宅对比 SANAA 和密斯的设计策略 [J]. 建筑工程技术与设计，2015，14.

[12] 范路 . 梦想照进现实——1927 年魏森霍夫住宅展 [J]. 建筑师，2007，3.

[13] 袁牧 . 人书俱老·城池日新：微光之宅的平凡与不平凡 [J]. 时代建筑，2019，2.

[14] 黄琪、戴志中 . 板仓坝王宅 [J]. 华中建筑，2001，19(06).

[15] Sou Fujimoto Architectural Works，藤本壮介建筑作品集（1995-2015）[M].Toto 出版社，2015.

[16] 民用建筑工程总平面初步设计、施工图设计深度图样建筑标准图集 [M]. 北京：中国计划出版社，2008.

[17] 中国建筑标准设计研究院 .《住宅设计规范》图示（13J815）[M]. 北京：中国计划出版社，2013.

[18] 左佐 . 排版的风格 [M]. 北京：电子工业出版社，2019.

[19] 廊坊市中科建筑产业化创新研究中心 ."1+X"建筑信息模型（BIM）职业技能等级证书——学生手册（初级）[M]. 北京：高等教育出版社，2019.

[20] 符皓月 .BIM 信息技术在建筑设计中的应用分析 [J]. 装饰装修天地，2018，6.

[21] 王烘艳 .BIM 技术在住宅建筑设计中的应用 [J]. 规划与设计，2020，4.

[22] 曾旭东等 .BIM 技术在建筑设计阶段的正向设计应用探索 [J]. 西部人居环境学刊，2019，6.

[23] 吴伟等 . 室内自然采光 BIM 模拟分析研究概述 [J]. 土木建筑工程信息技术，2016，6.

[24] 邹颖等 . 别墅建筑设计 [M]. 北京：中国建筑工业出版社，2000.

[25] （日）原口秀昭 . 世界 20 世纪经典住宅设计——空间构成的比较分析 [M]. 谭纵波译 . 北京：中国建筑工业出版社，1997.

[26] 中国建筑科学研究院 . GB50368—2005，住宅建筑规范 [S]. 北京：中国建筑工业出版社，2004.

致 谢

本书内容依托于上海济光学院建筑系建筑设计专业整体教学框架，集合了建筑设计原理（一）课程近年来的课程实践和教学改革的成果。本书得以出版要感谢学院、系部、校企合作单位的支持和鼓励，感谢参与该课程建设与教学的专兼职教师团队。

感谢同济大学建筑设计研究院（集团）有限公司建筑设计四院院长助理张扬先生，基于丰富的实践经验，对本书提出了许多宝贵的修改意见。同时感谢上海新空间建筑管理咨询公司高级景观设计师胡骁杰女士对本书景观设计部分提出的宝贵意见。特别感谢南京大学建筑城规学院冷天副教授、大乐之野的联合创始人杨默涵先生提供的宝贵资料。

另外，感谢本书的编辑率琦先生在本书立项申请、书稿排版等方面给予的帮助和支持。

全书插图众多，除了部分编著者自绘，还有大部分作品范例来源于建筑系该门课程以及相关课程的学生作业，在此对这些学生一并表示感谢。

本书由黄琪统稿，各个章节具体撰写情况如下：第一至第三单元：黄琪；第四单元：宋雯珺、黄琪；第五单元：黄琪、宋雯珺、吴峰；第六单元：宋雯珺。

笔者衷心希望读者提出更多的宝贵意见。

黄琪、宋雯珺、吴峰

2021 年 10 月